马尾松近自然经营探索与实践

孟祥江　主编

中国林业出版社

《马尾松近自然经营探索与实践》
编委会

前　言

PREFACE

　　生态文明建设已经成为新时代中国特色社会主义的重要组成部分，丰富、优质的森林资源是生态文明的基础支撑，而"绿水青山"是生态文明建设的重要组成部分。基于此，我国林业发展战略已由以木材生产为主转向以生态建设为主，由以获取森林的经济利益为主转向以获取森林的多种生态服务为主，实现了森林认识上的重大调整。然而，与林业战略转变相适应的森林培育模式的转变尚未跟上，迫切需要探索能够提供多种生态服务的森林培育模式。开展森林经营，实现森林质量的精准提升，是提升森林生态服务功能和价值，真正将"绿水青山变成金山银山"的有效途径之一。

　　马尾松（*Pinus massoniana*）是我国特有的乡土树种。马尾松喜光，耐干旱瘠薄，生长速度快，造林更新容易。全国马尾松资源面积为1001万hm^2，是面积排第五位的树种，占全国森林资源总面积的6.08%，蓄积量为5.91亿m^3，占全国森林总蓄积量的4.00%。马尾松广泛分布于南方广大地区，在满足国内木材需求和维持生态安全中发挥着重要作用。半个世纪以来，我们持之以恒地发展这一资源，主要目的是培育木材。因此，关于马尾松培育的知识，也主要是如何培育更多、更好的木材。随着我国社会进入生态文明新时代，对森林的利用形式发生了改变，传统的马尾松林经营模式已无法满足人们对其提供多种生态服务的需要，必须寻求新的马尾松林经营模式，而近自然经营是马尾松资源发展的一个出路。

　　近自然森林经营起源于18世纪初的德国，是一种利用自然规律经营森林的模式，注重对原始森林的基础研究，力求利用森林生态系统的自然演替过程，促进森林向合乎天然林程序和结构发展，从而实现接近自然的森林经营模式。近自然森林经营是以森林生态系统的稳定性、生物多样性和系统多功能及缓冲能力分析为基础，以培育结构复杂、物种丰富、功能多样的森林群落为目标，以整个森林的生命周期为时间设计单元，以目标树的标记和择伐及天然更新为主要技术特征，以永久性林冠覆盖、多功能经营和多品质产品生产为目标的森林经营体系，是满足人们对森林多种需求的有效途径。因此，近自然育林的核心思想为"模仿自然规律，加速发育进程"，核心理念是借助自然力，目标是培育异龄、混交、复层和多树种的永久性森林。

马尾松是重庆市主要造林和用材树种，在全市各区县均有分布，其林分面积占全市林分面积的61.2%。由于缺乏系统的森林经营措施和技术，全市马尾松林分密度普遍过高，部分林分林木分化严重，林分结构简单，林分质量普遍较差，低质低效林占相当大的比重，导致森林生态系统稳定性差，森林生态功能不强。重庆市森林二类调查数据显示，全市马尾松林分平均蓄积量仅为45m³/hm²，约为全市乔木林的70.9%，仅为全国平均单位面积森林蓄积量的52.4%。因此，重庆马尾松林质量亟待提升。

2014年，在重庆市林业局的支持下，重庆市林业科学研究院开展了重庆马尾松林近自然经营技术研究与探索。深入研究总结了国内外近自然育林理论与技术，运用近自然森林经营、多功能经营和目标树经营等理论与技术，结合重庆马尾松林经营与利用现状，开展低质低效马尾松天然次生林和人工林的近自然经营技术研究、探索与示范，目的是为马尾松林的高效经营提供理论、技术和样板，达到改善林分结构、提高森林质量、优化森林景观、增强森林服务功能的目的，最终实现促进森林资源可持续发展与利用的目标。本书是项目实施4年来的实践和总结，在中国林业科学研究院林业科技信息研究所和各位专家的大力支持下，形成了一套适合南方地区马尾松林实际情况的近自然经营技术和方法，为我国南方马尾松林经营提供了参考示范。本书适合林业科研和技术人员、林业管理人员阅读。

由于时间仓促，加之作者水平有限，书中错误在所难免，敬请广大读者批评指正。

编者

2018年10月23日

目录

c o n t e n t s

前言

第1章　我国马尾松资源现状 / 1

1.1 马尾松资源分布与现状 / 1

1.2 马尾松树种特性 / 3

第2章　马尾松传统经营模式 / 5

2.1 我国森林经营的传统模式 / 5

2.2 马尾松的传统经营模式 / 6

第3章　马尾松资源面临的问题 / 12

3.1 以木材培育为主转向以环境保护为主 / 12

3.2 病虫危害迫使马尾松纯林走向终结 / 12

3.3 马尾松资源发展的出路 / 15

第4章　马尾松经营的基础理论 / 16

4.1 马尾松天然次生林经营基础理论 / 16

4.2 马尾松人工林经营基础理论 / 62

第5章　重庆马尾松林近自然经营研究与实践 / 64

5.1　研究背景 / 64

5.2　研究方法与过程 / 65

5.3　结果与分析 / 68

5.4　结论 / 74

第6章　马尾松天然次生林经营的相关探索 / 75

6.1　开展的实践探索 / 75

6.2　实践案例 / 78

第7章　马尾松的新出路 / 81

7.1　马尾松纯林向多树种混交林转变 / 81

7.2　马尾松人工纯林的近自然转变 / 82

7.3　马尾松天然纯林的近自然培育 / 84

7.4　马尾松用材林要有一定的保留 / 85

7.5　马尾松育苗和造林 / 86

参考文献 / 97

第1章

我国马尾松资源现状

1.1 马尾松资源分布与现状

1.1.1 马尾松资源分布

马尾松（*Pinus massoniana*），又名青松、山松、枞松（广东、广西），松科松属乔木。马尾松分布较广，分布区域北自河南及山东南部，南至广东、广西、湖南、台湾，东自沿海，西至四川中部及贵州，遍布华中、华南各地。在长江下游海拔600~700m、中游约1200m以上、上游约1500m以下均有分布，是我国南部地区主要材用树种（图1-1）。由于人为或自然的因素，马尾松林普遍存在林分结构不合理、生产力低下、生态功能差等问题，整体表现为低质、低产、低效的特征。

图1-1　马尾松林分

1.1.2 马尾松资源现状

根据第八次森林资源清查，我国马尾松林面积为1001万hm²，为面积排位第五的优势树种，占全国森林资源总面积的6.08%；蓄积量5.91亿m³，占全国森林总蓄积量的4.00%（表1-1）。其中，马尾松天然林面积和蓄积量分别为694万hm²、4.19亿m³（表1-2），分别

表1-1 全国主要优势树种（组）面积和蓄积量

优势树种（组）	面积（万hm²）	面积比例（%）	蓄积量（亿m³）	蓄积比例（%）
栎类	1672	10.15	12.94	8.76
桦木属（*Betula*）	1126	6.84	9.18	6.21
杉木（*Cunninghamia lanceolata*）	1096	6.66	7.26	4.91
落叶松属（*Larix*）	1069	6.50	10.01	6.77
马尾松	1001	6.08	5.91	4.00
杨属（*Populus*）	997	6.06	6.24	4.22
云南松（*Pinus yunnanensis*）	455	2.76	5.02	3.40
桉属（*Eucalyptus*）	446	2.71	1.60	1.09
云杉属（*Picea*）	421	2.56	9.99	6.76
柏木属（*Cupressus*）	366	2.22	2.00	1.35
合计	8649	52.54	70.15	47.47

数据来源：第八次森林资源清查。

表1-2 全国天然林主要优势树种（组）面积和蓄积量

优势树种（组）	面积（万hm²）	面积比例（%）	蓄积量（亿m³）	蓄积比例（%）
栎类	1610	13.70	12.81	10.42
桦木	1112	9.46	9.14	7.43
落叶松	756	6.43	8.17	6.65
马尾松	694	5.91	4.19	3.41
云南松	410	3.49	4.77	3.88
云杉	385	3.27	9.87	8.03
冷杉（*Abies fabri*）	308	2.62	11.65	9.47
柏木	220	1.87	1.39	1.13
杉木	202	1.72	1.01	0.82
高山松（*Pinus densata*）	156	1.33	3.49	2.84
合计	5853	49.80	66.49	54.08

数据来源：第八次森林资源清查。

占马尾松林总面积和蓄积量的69.84%和70.90%；马尾松人工林面积和蓄积量分别为307万hm²、172亿m³（表1-3）。马尾松天然次生林占马尾松资源总量的70%。我国马尾松林资源，以中、幼林为主，面积占其总面积的75%以上。

表1-3　全国人工林主要优势树种（组）面积和蓄积量

优势树种（组）	面积（万hm²）	面积比例（%）	蓄积量（亿m³）	蓄积比例（%）
杉木	895	19.01	6.25	25.18
杨树	854	18.14	5.03	20.25
桉树	445	9.47	1.60	6.46
落叶松	314	6.66	1.84	7.42
马尾松	307	6.51	1.72	6.91
油松（*Pinus tabulaeformis*）	161	3.42	0.66	2.66
柏木	146	3.11	0.61	2.46
湿地松（*Pinus elliottii*）	134	2.85	0.41	1.63
刺槐（*Robinia pseudoacacia*）	123	2.60	0.27	1.09
栎类	61	1.30	0.13	0.52
合计	3439	73.07	18.52	74.58

数据来源：第八次森林资源清查。

1.2 马尾松树种特性

1.2.1 马尾松生物学与生态学特性

马尾松为强喜光树种，不耐阴，喜温。适生于年均气温13～22℃、年降水量800～1800mm的地区；对土壤要求不严格，喜酸性和微酸性土壤，pH值4.5～6.5生长最好。在适生区，马尾松树高可达40～45m，胸径可达1.2～1.5m。马尾松在造林后的前3年生长缓慢，之后生长加速，5年左右可郁闭成林，10～25年，生长达到高峰，30年后生长下降。实生起源的马尾松，其寿命可达120年。

马尾松树皮红褐色，枝平展或斜展，树冠呈宽塔形或伞形，枝条每年生长一轮（广东两轮）。马尾松雄球花淡红褐色，圆柱形，弯垂，长1.0～1.5cm，聚生于新枝下部苞腋，穗状，长6～15cm；雌球花单生或2～4个聚生于新枝近顶端，淡紫红色，1年生小球果圆球形或卵圆形，径约2.0cm，褐色或紫褐色（图1-2）。

马尾松木材不耐腐。心材、边材区别不明显，淡黄褐色，长纵裂，长片状剥落；木材纹理直，结构粗；含树脂，耐水湿。比重0.39～0.49g/cm³，有弹性，富树脂。是重要的用材树种，也是荒山造林的先锋树种。其主要变种为雅加松，与马尾松的区别在于树皮红褐色，裂成不规则薄片；枝条平展，小枝斜上伸展；球果卵状圆柱形。分布于广东、海南等地。

马尾松用途非常广泛，主要用于建筑、枕木、矿柱、制板、包装箱、家具及木纤维工业（人造丝浆及造纸）原料等。其根部树脂含量丰富，树干及根部可培养茯苓、菌类，树皮可提取栲胶。

图1-2 马尾松

1.2.2 马尾松生长特性

马尾松在造林后的前3年生长缓慢，之后生长加速，5年左右可郁闭成林。马尾松生长进入速生期的早晚依立地条件而不同。总体而言，在阳坡中厚层土壤上，马尾松进入速生期时间较早。树木高生长的速生期一般为5～31年，胸径的速生期一般为7～35年。材积进入速生期的时间较晚，一般为26～45年。实生起源的马尾松林数量成熟期一般为30～50年。

高生长连年生长量最大值出现在10年，在20年时又接近最大值，平均生长量最大值出现在10～15年（11年左右），平均生长量曲线与连年生长量曲线相交于10～15年（12年左右），此后连年生长量小于平均生长量，此时应进行抚育间伐，以保证林木充足的营养空间，满足树冠生长发育的需要，所以第一次间伐年龄应在12年左右。直径连年生长量最大值出现在10年左右，与平均生长量曲线相交于20～25年（大约23年），此时平均生长量达到最大值。马尾松10年以前属幼林时期，直径生长缓慢，从10～30年是胸径生长的旺盛期，连年生长量都在0.64～1.22cm，30年以后胸径生长逐渐减弱。

重庆和四川的马尾松天然林，各种成熟龄分别为：数量成熟龄为39年，工艺成熟龄为38～40年，经济成熟龄为30年，因此经营性采伐的伐期龄为35～40年，成熟龄的采伐年龄定为41年。在浙江，马尾松天然林的数量成熟龄为43年，经济成熟龄为40年，采伐年龄可定为45年。对于人工造纸原料林，马尾松的主伐年龄与造林密度、林分的立地条件等因素密切相关，在兼顾数量、工艺、经济成熟龄的情况下，四川马尾松的主伐年龄可定为25年。在福建，中等立地条件的马尾松纸浆林主伐年龄宜为20年左右。

生产利用中，根据经营目标不同，马尾松收获的年龄也不同。在四川盆地或丘陵地区，以培育中、小径材为主的马尾松天然林，采伐的年龄通常定为35～40年；在浙江，马尾松天然林的数量成熟龄为43年，采伐年龄为40～45年。马尾松人工林在兼顾数量、工艺、经济成熟龄的情况下，采伐利用的年龄通常较低。比如：马尾松人工造纸原料林，四川的主伐年龄为25年，广西、福建的主伐年龄为20年，在贵州，认为在15～19年时采伐是可行的；在广东，马尾松工业用材林采伐利用的年龄可提前到21年。

第2章
马尾松传统经营模式

2.1 我国森林经营的传统模式

我国传统的森林经营模式主要是按轮伐期进行经营（图2-1）。基本上来讲，就是整地、植苗、疏伐、主伐、重新造林……完成一个轮伐期，收获木材，再重新造林。我们像经营农田一样，经营人工林，主要目的就是生产木材。在这个方向上，我国的林业科技人员做了很多努力，取得了诸多成果。

而对于天然林，同样做了不少研究。但是没有一个主流的模式，主要是采伐利用，砍伐后的林分任其生长。当然，我们也探索了许多马尾松天然次生林的经营技术，不过，基本上没有对改变天然次生林命运起决定性作用。这种经营模式，我们坚持了半个多世纪，无人怀疑过它的正确性及合理性。

图2-1　森林的传统经营模式

2.2 马尾松的传统经营模式

2.2.1 马尾松人工林的传统经营

我国在马尾松的优良种源选育、速生丰产技术措施等方面有重要成就。

在优良种源选育方面，从20世纪50年代起开展马尾松遗传改良研究，在地理变异、种源选择、种子园建设、造纸材定向选育、建筑材定向选育、产脂材定向培育、种内变异和遗传等基础研究领域均取得了巨大成就和进展，分别选育出了树高、胸径和材积遗传力较高的种源，建筑材优良家系、纸浆材优良家系、高产脂量的优良家系等。

在速生丰产技术措施方面，主要开展了马尾松的立地条件、整地方式、施肥效应、密度效应等方面的研究，取得的研究成果包括以下一些内容。

（1）适宜的立地条件。马尾松幼树在长石石英砂岩和玄武岩发育的土壤上生长良好，其次是石英砂岩、第四纪红色黏土和煤系硅质砂页岩发育的土壤等。

（2）整地方式。马尾松人工林整地方式主要有全垦、带状和块状（穴垦）3种。造林初期，全垦、带垦方式优于穴垦，在土壤质地适中、立地质量中等的南方山地营造马尾松人工林，造林时宜采用块状整地，整地规格以中穴（40cm×40cm×25cm）为宜。在中上坡块状整地的林分比不整地的林分树高、胸径、蓄积量分别大26%、15%和15%；在中下坡树高、胸径、蓄积量分别大14%、24%和45%。

（3）施肥效应。施肥是人工林经营的一项基本措施，能明显提高林分的生产力。施肥对马尾松幼林生长能够产生长期的影响，不同肥种的时效性与增益持续性不同，氮肥无明显的时效性，钾肥施肥后初期效应显著，但效应丧失快，磷肥产生效应迟，持续时间长。

（4）密度效应。马尾松森林经营目标不同，造林密度不同。以培育大径材为目标，选用中等以上立地条件造林，初植密度以1800~2505株/hm²为宜，间伐2次，最后一次间伐应在第20年前结束，最终保留525~645株/hm²，35年左右进行主伐；培育速生丰产林的造林密度以中密度为宜，即3555~2490株/hm²。培育短周期工业原料林的造林密度为7500株/hm²较适宜。在黔中地区中等立地采用本地一般种源造林，培育建筑材可采用2000~2500株/hm²的初植密度，培育纸浆材可采用3500~4444株/hm²的初植密度，培育纤维、刨花板原料材可采用6000株/hm²的初植密度。

林木胸径与林分密度大小密切相关，而林木胸径的生长又取决于冠幅，冠幅越大，林木的营养面积也越大，林木胸径越大，但林分密度会减小。研究人员利用立木胸径与冠幅的关系，建立了马尾松天然林理论密度、最大密度回归模型，并以此确定了四川马尾松天然林郁闭度为0.6~0.9时不同径阶林分所对应的适宜密度，可供马尾松天然林抚育间伐中参考。抚育间伐是调整林分密度的主要措施。包括抚育间伐的开始年限、间伐强度、间隔期、间伐方法以及适宜的经营密度等。实施抚育间伐的指标依据是以胸径年生长量明显下降到材积生长量最大以前的时间（指用材林），或以影响森林水源涵养作用的林下植被和枯枝落叶的生物量或质量达最大时的林分密度（指水保林）。抚育间伐各要素的确定因林分的结构状态、立地因素、经营目的不同而异。据试验研究，黔中低中山丘陵地区、中等立地条件，以培育中小径材为经营目标的天然林，每公顷4500～6750株，首次间伐时间在第9～13年（每公顷1.5万株为宜），间伐强度宜采用中强度间伐，即间伐株数30%～45%、每公顷保留3000～3750株，间隔期为5～6年，纯林宜下层疏伐，混交林则施行上层疏伐为妥。但天然林密度差异大，种群以簇状分布为主，立木个体间年龄、遗传因素不同，长势也不同，用株数表示的间伐强度"常不能明确反映间伐强度的差异"，因而，确定间伐木时应考虑分布均匀、株数按径阶分配的特征以及林木质量。合理的经营密度就商品林而言，考虑的是干材蓄积量，并要获得较高的大、中径材，在黔中地区中等立地条件下，较为合理的密度控制在1800～2550株/hm²；而水土保持林则主要研究林分各层的生物量与林分密度的效应关系，长江中上游地区的马尾松水保林最适林分密度（指疏密度）为0.55～0.61，郁闭度为0.66～0.70。

2.2.2 马尾松天然林的传统经营

（1）马尾松天然林的传统经营

马尾松天然林是马尾松资源的主体，占其总面积的近70%，其中绝大部分为低质量、低效益林。林分平均蓄积仅为59.04 m³/hm²，远低于我国森林平均蓄积89.79 m³/hm²。我国大面积马尾松天然次生林，多数立地条件较差，加上附近居民砍伐林木和收集地被物等，致使林分残次、稀疏、慢生，结构单一，土壤肥力低下，松毛虫危害严重，水土保持、水源涵养功能很差，成为低产低效林分。马尾松天然林普遍存在多代更新、林分密度大等问题，造成立木间竞争、分化强烈，使得林分生产力水平和生态效益不高。

鉴于马尾松天然次生林资源量大，在用材林中处于基础地位，因此，我国林业科技人员，对其开展了大量的研究，研究内容涵盖个体和种群生态、群落生态、恢复生态，生态系统的结构、功能和生物量以及病虫害防治等。研究的林种包括用材林、防护林、水源涵养林、风景林等，在经营技术上采取间伐、施肥、封山育林以及低产低效林改造，在研究方法上由短期临时的定性描述到长期的定位、定量研究。马尾松次生林的经营，主要是对林分进行疏伐和低质低效林分的改造。

疏伐是通过调整立木生长空间，解决立木竞争与生长分化问题，促进林木生长。疏伐的原则为砍劣保优、砍密留稀、砍弱留强，保留通直、长势良好的树木，伐除弯曲木、矮小木以及霸王木。疏伐强度与疏伐时间应依据林分结构、立地条件、经营目的而定。贵州低中山丘陵地区的中等立地条件，以培育中小径材为目标的马尾松天然林，首次疏伐时间宜在第9～13年进行，采用中强度间伐，即疏伐株数30%～45%，疏伐间隔期为5～6年。马尾松天然次生林适宜的密度依据经营目的而定，用材林以收获干材蓄积量为主，在黔中地区中等立地条件下较为合理的密度为1800～2550 株/hm²；对于水土保持林，长江中上游地区最适林分密度为0.55～0.61，郁闭度为0.66～0.70。适宜密度应随着林分径级的增长而不断调整。在长江中上游地区，马尾松低质低效次生林是典型的类型，形成的原因主要是成土母岩特性、土壤条件、人类活动、粗放经营管理等，其表现为林相残破、结构不良、生长缓慢、效益低下。对这类林分的经营，应根据低质低效的原因分类采取措施，使之转化为混交林。

由于成因复杂，任何单一的恢复措施都难以奏效，必须采取综合的、配套的技术措施，包括补植造林、调控密度、调整结构、封山育林等，并将这些单项经营技术措施优化组合形成综合配套的经营模式。

（2）马尾松天然林主要混交林类型

①马尾松/木荷混交林

上层乔木树种主要是由马尾松和木荷（*Schima superba*）等树种为主，构成针阔常绿混交林。其中常绿阔叶树种除了木荷外，还有青冈（*Cyclobalanopsis glauca*）、甜槠（*Castanopsis eyrei*）、苦槠（*Castanopsis sclerophylla*）、石栎（*Lithocarpus glaber*）、米槠（*Castanopsis carlesii*）、栲（*Castanopsis fargesii*）、冬青（*Ilex chinensis*）等树种。在有些地段，特别在海拔300～500m的地段，常绿阔叶树种有以甜槠居多的马尾松/甜槠混交林，在海拔300m以下的山地或山坡下部，常绿阔叶树种有以苦槠居多的马尾松/苦槠混交林，也有一些地段，常绿阔叶树种以青冈较丰富的马尾松/青冈混交林。马尾松种群的高度要高于常绿阔叶树种群的高度。

马尾松/木荷、马尾松/甜槠、马尾松/苦槠、马尾松/青冈等4种针阔常绿混交类型还通常伴有枫香（*Liquidambar formosana*）、野漆树（*Toxicodendron succedaneum*）、白栎（*Quercus fabri*）等落叶阔叶树种，林下灌木较丰富，常见有连蕊茶（*Camellia fraterna*）、隔药柃（*Eurya muricata*）、乌药（*Lindera aggregata*）、乌饭树（*Vaccinium bracteatum*）、米饭花（*Vaccinium mandarinorum*）、老鼠矢（*Symplocos stellaris*）、矩叶鼠刺（*Itea oblonga*）等，还伴有木荷、青冈、甜槠、苦槠等乔木层树种的幼树；草本种类常见有三脉紫菀（*Aster ageratoides*）、黑足鳞毛蕨（*Dryopteris fuscipes*）等。乔木层盖度80%～90%，灌木层盖度50%～60%，草本层盖度10%～20%。

②马尾松/枫香混交林

上层乔木树种主要是由马尾松和枫香等树种为主，构成针阔常绿与落叶混交林。其中落叶阔叶树种除了枫香外，还有白栎、短柄枹（*Quercus serrata* var. *brevipetiolata*）、蓝果树（*Nyssa sinensis*）、拟赤杨（*Alniphyllum fortunei*）、野漆树（*oxicodendron succedaneum*）、黄连木（*Pistacia chinensis*）、苦木（*Picrasma quassioides*）等树种。在沟谷或山坡下部地段，落叶阔叶树种有时以野漆树、蓝果树等树种居多而构成马尾松/野漆树/蓝果树混交林；在山坡上部地段，有时以白栎、短柄枹等为多而形成马尾松/白栎/短柄枹混交林；在山坡中部地段，有时出现以黄连木、苦木等树种较丰富而成为马尾松/黄连木/苦木混交林。马尾松种群的高度通常略高于落叶阔叶树种群的高度。

马尾松/枫香、马尾松/野漆树/蓝果树、马尾松/白栎/短柄枹、马尾松/黄连木/苦木等4个针阔常绿与落叶混交林类型，还伴生木荷、冬青等常绿阔叶树种，以及麻栎（*Quercus acutissima*）、化香（*Platycarya strobilacea*）、盐肤木（*Rhus chinensis*）等落叶阔叶树种。林下灌木较复杂，既见有连蕊茶、隔药柃、乌药、乌饭树、马银花（*Rhododendron ovatum*）等常绿灌木和木荷、青冈等常绿阔叶树种的幼树，也见有檵木（*Loropetalum chinense*）、映山红（*Rhododendron simsii*）、野桐（*Mallotus japonicus* var. *floccosus*）、白背叶（*Mallotus apelta*）、茅栗（*Castanea sequinii*）、荚蒾（*Viburnum dilatatum*）、野茉莉（*Styrax japonicus*）等落叶灌木和白栎、短柄枹、枫香等落叶阔叶树种的幼树。常见草本植物有蕨（*Pteridium*）、芒萁（*Dicranopteris dichotoma*）、疏花野青茅（*Dactylis sylvatica* var. *laxiflora*）、野古草（*Arundinella anomala*）、相仿薹草（*Carex simulans*）等。乔木层盖度70%～90%，灌木层盖度30%～50%，草本层盖度20%～40%。

③马尾松/木荷复层林

上层乔木均为马尾松种群，盖度一般为60%～80%，林下以木荷等常绿阔叶树种的实生或萌生幼树占优势，构成马尾松与木荷的复层林，下木层高度2.0m左右。该马尾松/木荷复层林中的木荷是林下常绿阔叶树种的代表种，表明了马尾松林下通常以常绿阔叶树种的幼树占优势的类型，这些常绿阔叶树种的幼树除了木荷外，还见有以甜槠占优势的类型、以苦槠占优势的类型、以青冈占优势的类型等。

马尾松/木荷、马尾松/甜槠、马尾松/青冈等复层林类型，除了木荷、甜槠、青冈等优势种群外，还常见有冬青、石栎等常绿阔叶树种的幼树和白栎、枫香、野漆树、野鸭椿（*Euscaphis japonica*）等落叶阔叶树种的幼树，以及连蕊茶、隔药柃、山矾（*Symplocos sumuntia*）、乌药、乌饭树、檵木、金樱子（*Rosa laevigata*）、野桐等常绿或落叶灌木。下木层的盖度通常为50%～70%。草本层物种常见有蕨、相仿薹草、野古草、阔鳞鳞毛蕨（*Dryopteris championii*）、金星蕨（*Parathelypteris glanduligera*）等，盖度10%～30%。

④马尾松/白栎复层林

上层乔木均为马尾松种群，盖度一般为60%～80%，林下以白栎等落叶阔叶树种的实生或萌生幼树占优势，构成马尾松与白栎的复层林，下木层高度1.5～2.0m。该马尾松/白栎复层林中的白栎是林下落叶阔叶树种的代表种，表明了马尾松林下通常以落叶阔叶树种的幼树占优势的类型，这些落叶阔叶树种的幼树除了白栎外，还见有以短柄枹占优势的类型、以枫香占优势的类型、以盐肤木占优势的类型、以野漆树占优势的类型等。

马尾松/白栎、马尾松/短柄枹、马尾松/枫香、马尾松/盐肤木、马尾松/野漆树等复层林类型，除了白栎、短柄枹、枫香、盐肤木、野漆树等优势种群外，还常见有麻栎、黄连木、苦木、黄檀（*Dallbergia hupeana*）等落叶阔叶树种的幼树，偶见有木荷、青冈、苦槠等常绿阔叶树种的萌生幼树。伴生在下木层中的灌木较复杂，常见有檵木、金樱子、野桐、野蔷薇（*Rosa multiflora*）、山莓（*Rubus corchorifolius*）、栀子花（*Gardenia jasminoides*）、隔药枞、山矾、乌饭树等落叶或常绿灌木。下木层的盖度通常为50%～70%。草本层物种常见有蕨、相仿薹草、三脉紫菀、石荠苎（*Mosla scabra*）、野古草、黑足鳞毛蕨、金星蕨、乌蕨（*Stenoloma chusanum*）等，盖度20%～40%。

⑤马尾松/连蕊茶复层林

上层乔木均为马尾松种群，盖度一般为60%～80%，林下以连蕊茶等常绿灌木树种占优势，构成马尾松与连蕊茶的复层林，灌木层高度1.5～2.0m。该马尾松/连蕊茶复层林中的连蕊茶是林下常绿灌木的代表种，表明了马尾松林下通常以常绿灌木为优势的类型，林下除了以连蕊茶为优势的类型外，还见有以隔药枞占优势的类型、以乌饭树占优势的类型、以山矾占优势的类型等。

马尾松/连蕊茶、马尾松/隔药枞、马尾松/山矾等复层林类型，下木层除了连蕊茶、隔药枞、乌饭树、山矾外，还伴生有老鼠矢、矩叶鼠刺、乌药、光叶石楠（*Photinia glabra*）等常绿灌木和檵木、金樱子、野桐、野蔷薇、山莓等落叶灌木，偶见有白栎、短柄枹、枫香、盐肤木、野漆树等落叶树种的萌生幼树，以及木荷、青冈、苦槠、冬青、铁冬青（*Ilex rotunda*）等常绿阔叶树种的萌生幼树。下木层的盖度通常为40%～60%。草本层物种常见有蕨、披针叶薹草（*Carex lancifolia*）、千里光（*Senecio scandens*）、三脉紫菀、石荠苎、野古草、黑足鳞毛蕨、金星蕨、乌蕨等，盖度10%～30%。

⑥马尾松/檵木复层林

上层乔木均为马尾松种群，盖度一般为60%～80%，林下以檵木等落叶灌木树种占优势而构成马尾松与檵木的复层林，灌木层高度1.5～2.0m。该马尾松/檵木复层林中的檵木是林下落叶灌木的代表种，表明了马尾松林下通常以落叶灌木为优势的类型，林下除了以檵木为优势的类型外，还见有以映山红占优势的类型、以山莓占优势的类型等。

马尾松/檵木、马尾松/映山红、马尾松/山莓等复层林类型，下木层除了檵木、映山红、山莓外，还伴生有绣线菊（*Spiraea*）、野桐、白背叶、牡荆（*Vitex negundo* var. *cannabifolia*）、覆盆子（*Rubus idaeus*）、白鹃梅（*Exochorda racemosa*）、野山楂（*Crataegus cuneata*）、美丽胡枝子（*Lespedeza formosa*）等落叶灌木，偶见有白栎、短柄枹、枫香、盐肤木、野漆树等落叶树种的萌生幼树，以及隔药枞、连蕊茶、山矾、矩叶鼠刺等常绿灌木，几乎见不到木荷、青冈、苦槠、冬青等常绿阔叶树种的萌生幼树。下木层的盖度通常为30%～60%。草本层物种常见有蕨、相仿薹草、石荠苎、乌蕨、渐尖毛蕨（*Cyclosorus acuminatus*）、疏花野青茅、白茅（*Imperata cylindrica*）、黄毛耳草（*Hedyotis chrysotricha*）、芒（*Miscanthus sinensis*）等，盖度通常为20%～30%。

⑦马尾松/芒萁复层林

上层乔木均为马尾松种群，盖度一般为50%～70%，林下灌木很少，零星见有檵木、山莓、硕苞蔷薇（*Rosa bracteata*）、映山红、白檀（*Symplocos paniculata*）、菝葜（*Silax china*）、土茯苓（*Smilax glabra*）等落叶灌木，偶见有隔药枞、连蕊茶、山矾等常绿灌木，几乎见不到木荷、青冈等萌生幼树，却以芒萁等蕨类植物占优势，构成马尾松与芒萁的复层林。马尾松/芒萁复层林中的芒萁盖度通常为30%～60%，伴生的草本植物有疏花野青茅、蕨、乌蕨、小二仙草（*Haloragis micrantha*）、狗脊（*Woodwardia japonica*）、雀稗（*Paspalum thunbergii*）、瓜子金（*Polygala japonica*）等。

⑧马尾松/白茅复层林

上层乔木均为马尾松种群，盖度一般为50%～60%，林下灌木很少，零星见有檵木、山莓、野蔷薇、白檀、菝葜、美丽胡枝子、铁马鞭（*Lespedeza pilosa*）等落叶灌木，几乎见不到隔药柃、连蕊茶、山矾等常绿灌木，更难见到木荷、青冈等萌生幼树，却以白茅等禾本科植物占优势，构成马尾松与白茅的复层林。马尾松/白茅复层林中的白茅盖度通常为20%～40%，有些地段的马尾松林下以野古草为优势而构成马尾松/野古草复层林，林下伴生的草本植物有疏花野青茅、乌蕨、小二仙草、马唐（*Digitaria sanguinalis*）、千金子（*Leptochloa chinensis*）、瓜子金、石荠苎、淡竹叶（*Lophatherum gracile*）、荩草（*Arthraxon hispidus*）等。

马尾松天然次生林的退化特征主要表现为：物种多样性丧失，蓄水功能差，地力衰退，群落结构不稳定，从而导致马尾松林退化生态系统的脆弱性。对于立地条件极差、森林生态系统极其脆弱的低质低效马尾松林，任何一种单一的恢复与重建技术都难以在短期内奏效，必须采取综合的、配套的优化组合技术措施。

佘济云等针对马尾松低效水保林的特点，提出了重建生态系统功能的优化经营模式。胡庭兴、李贤伟等根据导致马尾松低产的主导因子（土壤类型、土层厚度、土体石砾含量、林分密度和土壤侵蚀模数）划分了11个经营类型，依各类型的林分特征采取相应的措施，如采伐更新、调整林种结构、间种农作物以及营造混交林等。潘开文、杨冬生等对低效防护林采取"多层经营"，即同步经营林分的乔木层、灌木层、草本层和枯落物层，根据各层目标功能确定了经营措施。

第3章
马尾松资源面临的问题

3.1 以木材培育为主转向以环境保护为主

如前言所讲，我们已开始了一个绿色发展的时代，环境保护上升为国家战略。

发展森林资源，首先是为了绿化国土、保护环境，其次才是结合森林生态系统培育、生产林产品。

时代还提出了顺应自然的发展思想，如何更好地利用自然力发展自然资源，这个课题也已经明确地摆到了我们的面前。

这是一个历史性的转变，是森林资源建设的大转轨。马尾松也不可能游离于这个新时代。

新时代向我们提出了让马尾松资源更好地服务于国家环境发展的新课题，当然，如何培育木材也是林业不可推卸的义务。

3.2 病虫危害迫使马尾松纯林走向终结

我国60%的马尾松林为纯林，为防治松毛虫和松材线虫危害，已经投入了大量的人力、物力、财力，但效果并不理想。马尾松林一旦受到松材线虫病的侵害，将毁灭造林成果。

马尾松人工林，群落结构简单，除病虫害极易蔓延外，还极大地增加了火灾风险，同时生物多样性低、生态系统不稳定。我国的马尾松纯林模式，在严重的病虫危害面前，正在被终结（插文3-1）。

这条死胡同，我们必须尽早摆脱。实际上，林业科技人员及一线的干部和群众已经在探索新路。

插文3-1

马尾松之殇
我国发展人工林难以承受之教训

前一阶段，大家议论的北方杨树之死，至今未见组织科学诊断，以便明确原因，但就这样又开始了新的补植、补造。

这里再谈一个教训，就是马尾松人工纯林感染松材线虫之事。这个事，已是老生常谈，但却也在遮遮掩掩，能不谈就不谈了。

我国有1001万hm²马尾松资源（图3-1），马尾松是我国第五大树种，比杨树还多。其中天然林面积694万hm²，人工纯林面积307万hm²，分布在南部各省，现今大多已感染了松材线虫（图3-2）。

图3-1　马尾松林

图3-2　潜伏在木材中的松材线虫

1997年，我曾参加台北林业研讨会，考察时汽车行驶在山路上，满山的森林尽收眼底。台湾同事告诉我们，看到的零散分布的枯死马尾松，那是因为感染了松材线虫。他们说，台湾根本不把这个当回事，因为台湾多是天然混交林。当时对有虫不治的理念，印象很深。

就是在2018年3月初，去某省考察马尾松，目的之一是了解林业建设第一线是如何面对新时代的林业生产，具体就是面对那么大一笔马尾松资源，一线人员是怎么想、怎么做的。这样的调研考察，已经进行几次了。

但是这一次，令我五味杂陈。一是亲自感受了那松材线虫危害；二是对于我国长时间如此大规模发展马尾松人工纯林的做法感到困惑，困惑的是好像老百姓比专家更懂森林，科学的作用哪里去了？三是对于30年前一些一线人员果断发展马尾松混交林的担当精神，我很感慨；四是当初遮遮掩掩做的事，今天竟成了样板和方向；合理合法推行的那些人工纯林，却连各种小虫也抵抗不住，发展这样的林子干什么！这样的事，我还能举出几个例子。

30年来，我国勒紧腰带省钱造了林，继而又辛苦保护了30年，今天却又必须拿更多的钱去消除它们。干别的事缺钱，但发现、砍除、焚烧和掩埋感染树，借钱也得做。有一个市，每年仅用于发现感染树，就要花1000万元；有一个区，每年用于消灭松材线虫感染树，花费1亿多元。也就是，30年来，我们造林、护林，今天却又花钱去消灭这些林。这精神的折磨，简直痛断人肠！

图3-3是灭除了感染树后的马尾松人工林。林间空地是灭除病树后，用土掩埋的病树桩。图3-4是就地焚烧的情景，你要是在现场，必会耿耿于怀，白干了30年，连木材

图3-3 清除的死树及掩埋的感染树桩

图3-4 原地焚烧

也不能利用。

那么，天然马尾松林在虫害面前如何呢？总体来讲，在天然的多树种混交马尾松林内，虫灾少，未见成灾。参见图3-5。天然马尾松纯林的危害，没有考察，相信会有感染。

那么，当初就不能避免这种灾难吗？能。请看图3-6。这是位于重庆市南岸区放牛坪的一片针阔混交林。30年前，当地干群发现营造马尾松纯林会引来松毛虫爆发（当时还没有松材线虫），于是他们果断地补植了阔叶树，就形成了这片混交人工林，未见虫害，只是缺失了经营。现在已经被作为马尾松纯林"改造"的样板林。

图3-5 天然马尾松林

图3-6 马尾松人工针阔混交林

那么，当下这些受感染的马尾松人工纯林，应当如何对待呢？这个问题其实很明确，一线的人员早已动起来了。依据具体情况，它们有的采取疏伐后补植乡土阔叶树（图3-7），有的采取小块状皆伐，营造非马尾松树种。

我们早就关注能不能借助自然力形成马尾松和栎类（青冈）的针阔混交林。观察两三年后，我们确认这个想法是合理的。一些马尾松天然林内原本就自然生存着青冈树。一些马尾松人工纯林的林下也存在着青冈小苗，可惜过去被当灌木"割灌"了。图3-8是割灌后剩下的青冈树茬。如果保护青冈幼苗，一定会很快自然形成混交林。

而那些现存马尾松人工纯林，可以人工补种青冈，每亩直播几十穴，每穴三五粒，一定可以多快好省地把马尾松人工纯林转变为针阔混交林，成本极低，效率极高。

我们认为，在新时代下我国居第五位的马尾松资源，大部分尤其是位于陡坡地、水源地或生态脆弱地带的，必定要追求森林生态系统的长期稳定和长周期经营。那么，虽然马尾松生长较快，一般30余年即可采伐，在这样的混交林内，并不耽误马尾松成熟后的更新。

图3-7 疏伐后补植阔叶树

图3-8 林内被割掉的栎类幼树

（侯元兆 2018年3月26日）

3.3 马尾松资源发展的出路

马尾松自然存在了几千万年而没有消失，原因就在于它的自然存在，这里面一定有它常盛不衰的秘诀。而我们的使命就是向大自然学习，模仿自然、培育资源。

近自然经营是马尾松资源发展的一个出路。

近自然育林的核心思想为"模仿自然规律，加速发育进程"，核心理念是借助自然力。近自然育林的目标是培育异龄、混交、复层和多树种的永久性森林。这种森林具有如下特征：第一，林分是多树种混交；第二，以乡土树种为基础；第三，树木群体是异龄的，就像一个多代同堂的大家庭；第四，林分结构是复层的，亦即高、中、低的树木都有，形成多个林层，林分的生态位是趋于饱和的；第五，森林具有自我调控机制，能够自我更新。

第4章
马尾松经营的基础理论

4.1 马尾松天然次生林经营基础理论

4.1.1 经营目标

任何森林，只要经营，首先就会遇到经营目标的问题。就是要经营成什么样的森林，用材林、防护林、生态林、游憩林……然后根据目标组织经营措施。而经营目标是根据需求选定的，马尾松天然次生林经营的目标为近自然异龄混交林。

（1）应对现代社会需求的森林资源分类经营

我们这个时代，是走向绿色发展的时代。绿色发展需要这样的森林价值观：森林是绿色经济的主体，是基础的国民财富、基础的国民福利、基础的国民安全。

这样的时代对森林的需求，首先是森林为人类营造一个绿色环境，其次是作为森林生态系统中树木更新的自然产物，产出木材。具体策略上，森林资源会出现分工以适应需求，见图4-1。

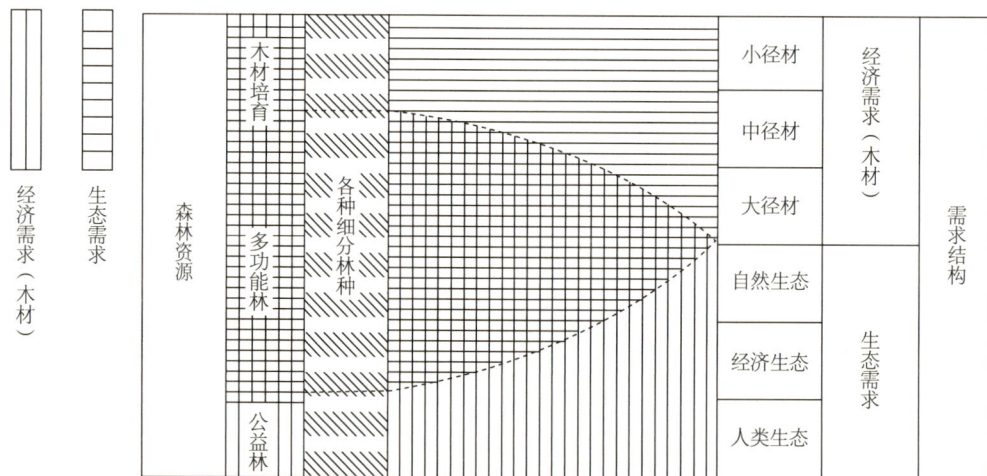

图4-1　未来森林资源适应社会需求的结构

从图4-1可以看出，多功能森林同时兼顾生态和经济功能，是森林资源的主体；木材培育的经营目标是生产木材，为此尽可以采取一些能够高产的手段；自然保护区的目标就是保护生物多样性。它们对多功能森林的存在起从各自的侧面减压的作用。我们是从这个意义上讲多功能森林的。

中国的森林资源主体是天然次生林和一般人工林。自然应当把它们经营成多功能森林。未来，正是这些森林资源，需要转变为近自然异龄混交林。我国1001万hm²多马尾松资源，大部分都应当被经营成近自然异龄混交林。

（2）近自然异龄混交林

未来属于近自然经营的异龄混交林，这个口号是20世纪50年代，德国为纠正19世纪所犯的森林资源发展的方向性错误而提出来的。19世纪，德国曾把99%的天然林都改造为人工针叶纯林。20世纪50年代，德国出现了一个"拯救阔叶林委员会"，出版了一本名为《未来属于混交林》的书，反映了200多位专家的共同诉求。这里仅是根据当今时代的要求，增加了"近自然"和"异龄"两个要素。因为单纯强调混交，已经不够了。

① 近自然异龄混交林的概念。什么是近自然异龄混交林？第一，原则上，林分必须是两个以上的多树种混交，可以是针阔混交，也可以是不同针叶树种的混交，或不同阔叶树种的混交，总之要是模仿天然林的多树种混交；第二，以乡土树种为基础；第三，树木群体是异龄的，就是在同一个小班里，爷爷辈的树、儿子辈的树和孙子辈的树都同期存在，就像一个多代同堂的大家庭；第四，这样的结构是复层的，就是高、中、低的树木都有，形成多个林层，林分的生态位是尽可能饱和的。林分里的部分树木成熟了，可采伐利用，腾出的生态位，小的树木会填充起来。像一个社会机构，老的退休，年轻人补充进来，以此机制永葆活力；第五，实行近自然经营，就是有意识地让植被自然发生，让树木依靠竞争生长，依靠枯枝落叶自肥，依靠生态系统自身涵水满足蒸腾需水。这样的森林必然是多功能的。这样的森林也叫"永久性森林"。因为虽然林分里的单株树木可以更新，但林分不会断档，并且永远处于最有活力的状态。相反，传统的森林经营模式，林分总是有一个断档期、一个幼小期和一个衰老期，其生态功能总是仅在其中一个时段内最好，其他时段都比较差（图4-2）。

图4-2 近自然经营的异龄混交林

② 近自然异龄混交林的优越性。首先，异龄混交林没有经营周期，一旦建成，这个森林植被就是永久性的；第二，林分的活力永远处于高峰期；第三，由单株树的经营周期取代了整体林分的轮伐期。理论上讲，每几年都可以有木材收获；第四，森林生态系统主要

依靠自然力运转，人主要是在个别情况下采取微调措施，规避自然力的负能量，因此经营成本很低；第五，由于林分是适应当地环境的，抵御各种风险的能力最强，风险最低。近自然异龄混交林，是关注环境保护时代的将生态和经济最佳结合的森林类型。森林资源发展的未来属于近自然异龄混交林。

③近自然异龄混交林的经营理念。近自然异龄混交林的经营理念是"道法自然"，用欧洲的话讲就是"模仿自然，加速发育"。主要以近自然经营和目标树体系两大理念为支撑。天然林和人工林（不包括工业原料林及自然保护区）都可以实施近自然经营。近自然的理念和目标树作业体系，后面将具体阐述。目标树一旦选择，林分的长期经营就要围绕目标树来组织。在德国，考虑到成本，非目标树一般不予管理。在中国，非目标树也应经营，为的是多生长木材，这叫"以目标树为框架的近自然全林经营"。人工林和天然次生林都是如此，只是起点和方法不同。

（3）走向异龄混交林的途径是近自然转变

天然次生林或人工林，如何由目前的起点走向近自然异龄混交林呢？不同类型的资源，不同的起点，转变的技术路线不同。就天然次生林而言，具体区分为矮林、中林和乔林（萌生林、萌实混生林、实生林）。每一个类型，发育年龄不同，转变的技术也不同。

总之，要把原来稀疏的、过密的、老龄的、单一树种的、低价值树种的、没有目的树种等等情况的矮林、中林和低质乔林，逐步转变为优质的异龄混交林。人工林也可以通过这一近自然转变的途径，转变为以目标树为框架的全林经营的近自然林。

4.1.2　经营原则

马尾松近自然经营原则为近自然育林。近自然育林主张发展顺应自然的森林，是一种把生产木材和谐地结合进生态功能，使得经济产出和生态产出相向而行、水涨船高，而不是非此即彼的理论，这个理论的产物是恒续林（也就是恒被林、异龄混交林、永久性森林）。

近自然的森林经营宗旨是"模仿自然，加速发育"，使林分稳定，主要发展乡土树种。它的林学要点是近自然育林的理念，本质上是要保持森林的自然属性，特别是天然林的各种自保、自养、自育功能。天然林内各物种都是依靠生态系统内各因素做到互为依靠、共生共荣的，这些因素包括物种的、物理的、化学的、地上的、地下的。这种生态系统的作用，人工是不可能设计出来的，迄今也没有什么数学模型能够描述出来。

美国西弗吉尼亚大学的梁晶晶教授等83位来自不同国家和地区的研究者，在《科学》（*Science*）杂志上发表了一篇论文。该论文依据在全球收集的几十万个样地，评估了全球范围的森林生产力与物种多样性之间的关系，指出：与树种单一的林分相比，树木在天然林生境下长得更快、更高。该文指出，如果全球树种减少10%，那么森林的生产力会下降

2%～3%；而如果只剩下一个树种了，那么即便是树木总数不变，森林的生产力也会下降26%～66%。

图4-3表明，与树种单一的林分相比，树木在多样性更丰富的森林环境里生长更快、更大。天然林的木材生长量至少比只有一个树种的森林的木材生长量高出35%。图4-4表明了全球森林的树木物种多样性（横轴）与其生态环境生产力（纵轴）之间的关系。

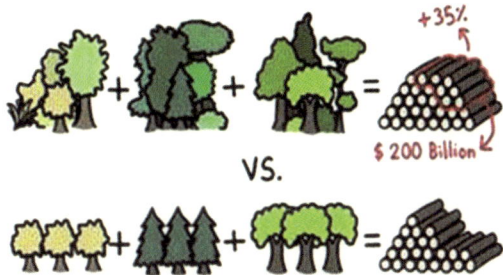

图4-3 单一树种与多样性树种生产能力

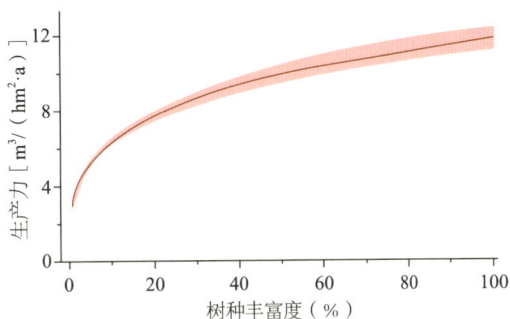

图4-4 树木物种多样性与生产力关系

（图片来源：MinuteEarth/youtube.com）

其实，这个观点早在19世纪的德国就已经被阐述清楚了。德国在19世纪一度疯狂地用人工林替代天然林，最终把全国99%的天然林都整没了。德国林学家盖耶（Gayer）对德国所剩不多的天然林仔细观察发现，天然林单位面积木材生长量原来是超过人工林的，同时天然生境下很多物种才能够生存。他在1886年发表了《混交林的建立及抚育》，为恢复天然林提出了技术路线，进一步创立了近自然育林理论。他在1898年说："森林生产的奥秘在于一切在森林内起作用的力量的和谐"。他认为森林生态系统的多样性是"一个在永恒的组合中互栖共生的诸生命因子的必然结果"（邵青还，《德国林业经营思想和理论发展200年》，中国林业科学研究院林业科技信息研究所）。

德国的这一转轨过程持续了半个世纪，这同时也是法国对其天然次生林是改造为人工纯林还是走向近自然林而彷徨的半个世纪。到1989年，欧洲出现了近自然育林推进机构。这才使得世界森林资源发展模式从发展人工林和发展天然林两条道路，走向了历史大合流，形成了统一的近自然育林模式。

这里需要补充说明，对于一些国家，这种模式的木材供应能力，可能超出其需求，这时的出路是拿出一小部分林地，以农作方式培育木材。这与近自然林并不冲突，正像与种粮食不冲突一样。

我们主张把人工干预减少到最低程度，只是在关键节点加以引导。除了选出数量有限的目标树并对其抚育，其他时期以及对其他林木，原则上少加干预。就是要保持林分的生态系统的自然属性。森林只要保持自然属性，就会保有各种功能，各种林木的生长，都会借助自然力达到最佳。

近自然的森林生态系统里，重要的是要有可以使得系统长期稳定的柱石，这些柱石就是长生命周期的、在林分内均匀分布的目标树（也称位置树、未来树）。以目标树体系为经营框架，就会出现森林植被无间断的模式，这就是前面提到的恒被林、永久性森林等概念。由此，彻底变革了森林经营模式。这种模式，正是现代和未来社会所需要的。

在这个前提下，目标树到了目标径级（通常就是达到了成熟阶段），就可以被逐步伐出，这就是人类需要的大径材。成熟的目标树伐除后，腾出来的生态位，会有从后备树木中选出来的新目标树填补，因此，林分保持不间断。除了目标树，每隔数年还会伐出影响目标树生长的干扰树，生产质量越来越好的小、中径材。这是一个动态的过程。当着目标树及其干扰树被伐得比较稀疏的时候，林下就会出现天然更新层，无需人工栽植，只是必要时人工促进天然更新。

这样的经营模式，成本很低，一旦建立，未来的经营投入很少。两种模式，参见图4-5。

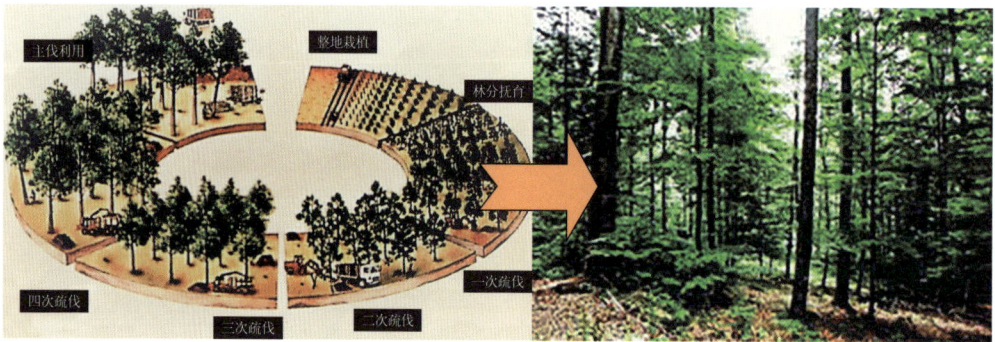

图4-5　森林经营模式正在由断续模式走向恒续模式

4.1.3 天然次生林的分类

这里，首先以插文的方式（插文4-1），阐述我们认知树木和林分的一个基本视角。这个视角，在欧洲很古典，但在我国，几乎无人关注。

这篇插文，虽然有点调侃，但它内含了一个极其重要的基础理论。这个理论主要是说，树木的起源即是实生起源还是萌生起源，决定了这棵树木的寿命、发育轨迹以及其他诸多性状，其中特别是主干材的通直度和高度。林分经营方案实际上是取决于这些特性的。

这个问题属于基础理论，而我国是缺乏这种理论的。我们的整体森林经营理论，都偏离了这个基础理论。这里不可能专门进行论述，仅以插文进行介绍（插文4-1）。

插文4-1

萌生树与实生树的自述

为什么我们想做这个自述?

我们树木的起源主要有两种,一种是起源于种子,叫实生树(组成的林分叫乔林),另一种起源于萌生,叫萌生树(组成的林分叫矮林)。两种起源混合的林分,叫中林。这是德国林学初创时,就是相当于我国的慈禧那个时代,就给天然次生林奠定的分类格局,这主要是德国林学始祖哥塔(Gotta)的贡献。

树木还有串根起源的,如刺槐、桦树、山杨等;也有起源于组培(如桉树)或嫁接的(如果树)。这些起源统称为无性起源。因关系不大,就不讲它们了。

那么,关键是,为什么要区别实生与萌生的不同起源,有什么必要呢?

这个必要性就大了。而且对于这种区别,你一定是不看不知道,一看吓一跳。

实生树:

我叫实生树,我来自于父母结合产生的种子。我的特点主要有三个。一是我的年龄是从零岁开始的,就像你们人类,一出生就是零岁,因此我的天寿至少与我的父母一样长。二是我发芽后,要慢慢生长一小段时间,等到我的根系足够发达,有能力吸收远处或深处的营养和水分之后,我才会生长较快。三是我从种子长出来后,就会直挺挺地往上长,因此我长成的圆木,年轮都是同心圆,这种木材的质量是优等的。

森林的演替阶段越高,我们越是成为主体,别的起源都熬不过我们。

参见图4-6、图4-7。

图4-6 实生树

图4-7 萌生树

萌生树：

我叫萌生树。我不是父母结合的产物，我们起源于皮层的潜伏芽或不定芽。我们一般都是从母桩上萌生出来的。

我们如果是从母桩本身萌生的，叫萌条，从紧靠母桩的主根上萌生的，叫萌蘖（图4-8）。还有一批小兄弟，它们是从远端的串根上萌生的，那串根等这些小兄弟长得大一些，就自行断开了，就像人类的脐带一样（图4-9）。

萌条和萌蘖，特性基本一样，年龄也都是"桩龄+树龄"。因此由我们组成的林分的林龄=平均桩龄+平均树龄。我们一钻出来，其实已经比母体年龄还大一点了。

如果和实生树相比，出生的时间一样，但我的年龄及我的辈分和它父母一样。

但是，刚才说的那帮串根哥们，它们的天寿却接近于种子苗。你说是不是有些奇怪？但是没人说清原因（图4-10）。

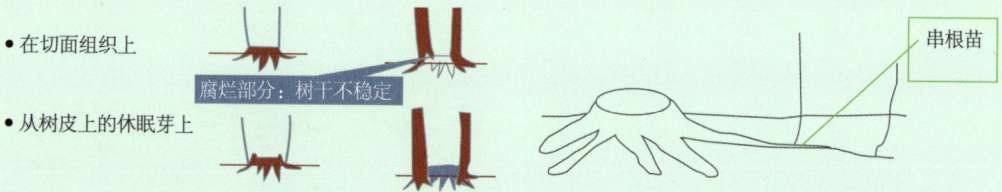

- 在切面组织上
- 从树皮上的休眠芽上

腐烂部分：树干不稳定

串根苗

图4-8 树木的萌生　　　　　图4-9 树木的串根繁殖

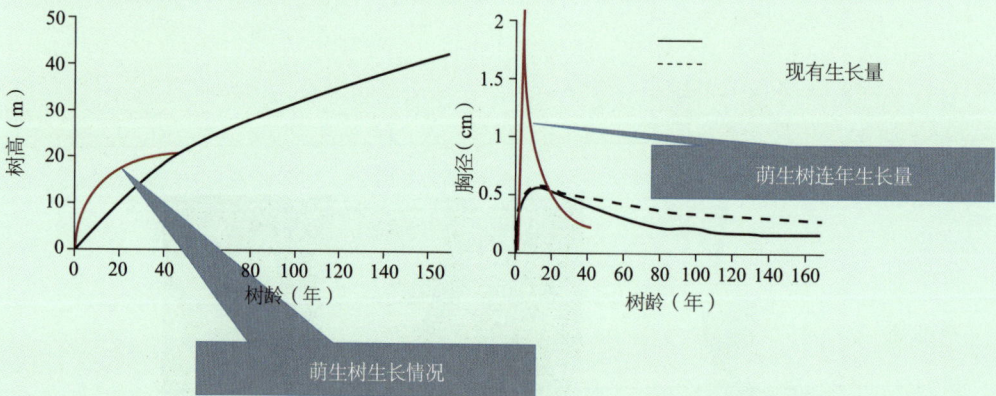

现有生长量

萌生树连年生长量

萌生树生长情况

图4-10 萌生树与实生树的发育轨迹

萌生树：

萌条和萌蘖，我们就是靠在一起长，由母桩供给营养和水分，这种供应很充分，因为母体有着强大的根系。这样，我们在一个阶段内，就撒着欢长。所以，人类很喜欢这一点。

但是我要告诉人类的是，凡是只看到先期长得快的，都是鼠目寸光的人类，或者是只求短期利益的人类。他们只看到我们速生，没有看到我们接下来会速死。我们自己都哀叹出生时找错了出口，就成了短命鬼，可有些人竟然还把我们与那些实生哥们混在一起，倍加关爱，可是我们自己都不喜欢这条贱命。

并且，我们这些兄弟们也不团结，像一群一起吸奶的小猪，互相排挤，都想把别的猪挤走，自己多吸一些奶。结果必然是互相挤得歪七扭八，谁也不可能长成帅猪。所以我们基本上都是下部弯曲，就像人类长着罗圈腿，尤其是山区陡坡上。

顺便多说一句，萌生树的萌生位置不同，树木的属性也不同。据法国人研究，从树桩边缘皮层萌生的，随着根桩的腐烂也容易腐烂，而在周边主根上萌生的，会稍好一些。当然，串根形成的树木，就接近实生树了，所以串根林分，归为乔林。侯元兆早在20世纪80年代，还在法国图卢兹一个育苗中心，以桉树为对象，做过这样一个实验，就是桉树萌生的部位不同，生根能力不同。基本上是地径以上10cm以内的萌条，生根能力很强，10~20cm以内，较差，越高部位的萌条，生根能力越差，60cm以上的萌条就不生根了（图4-11）。当然，树种不同，这些特性也不同（图4-12）。

图4-11　桉树干径上不同部位的萌条实验

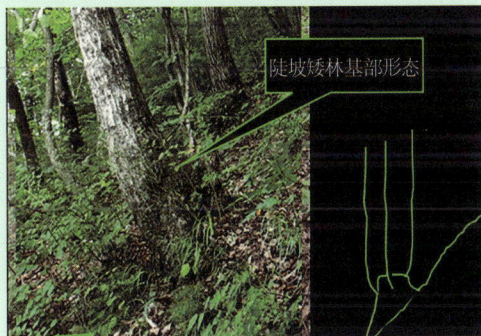

图4-12　坡地矮林示意图

[巴黎高科（AgroParisTech）森林培育教授Yves EHRHART绘制]

萌生树：

不过，靠我们生产烧火柴，那是不错的主意，因为显然我们早期生长快。但是靠我们生长优质用材和保护生态环境，那就一厢情愿了，因为我们都是短命鬼、矮个子、罗圈腿，并且每年都会死掉一批，死去的萌生树尸体弄得我们的地盘脏乱差，病虫害多，不健康，更谈不上美感。

一般说来，我们也就是共生15~20年，大多数就死掉了，剩下来的，也是东歪西斜。这时人类就连正眼看我们一眼的兴趣也没了，任由我们自生自灭，甚至还扬言要改造我们。

不信的话，可以看看，在中国是不是这个情况？

在中国的广大农区和牧区，到处都是我们这样的劣五类。侯元兆先生管这叫森林"萌生化"。他是看透了我们的人之一。此外，好像南京林业大学的叶镜中老教授也把我们看得比较透。还有中国科学院沈阳应用生态研究所的副所长朱教君教授，对次生林的认识也比较靠谱。

归纳来讲，萌生林有很多劣根性。所以，在森林经营中，要想办法减少萌生树，扶持实生树。但在减少萌生树的过程中，也要利用他们，如作为实生树、目标树的庇护树、下种树等，以及在不影响目标树生长的前提下，利用萌生树培育多一些的木材。

实生树：

我们作为实生树，其实也不是绝对反感萌生树。有它们在我们周围作伴，我们会更抗风、抗冻，还有大家一起涵养水源、育肥土壤，不是对大家都有利么！更主要的是，它们奈何不了我们，它们在我们的下面生长，无法与我们争夺阳光。在共生的林分里，也就是祖师爷哥塔1820年给这种结构命名的"中林"里，萌生树林层只能作为我们的下一级林层，就是希望它向高里长，它也没那个潜力。

萌生树：

我们还有一个情况不好意思说出来。就是我们当中有些雌雄异株的树种，萌生出来的只有雄株，没有雌株，这个情况，可能在中国还没人注意到。所以，如果我们由串根形成的林分分布范围较大，那就不能产生种子了。

加上我们的母桩的孕育能力是有限的，萌生几茬后，就消亡了。例如杨树，有人做过实验，半年萌生一茬，连续萌生八茬，就累死了。所以最终，我们的命运就是消失，而把家园留给芒草。这就形成了"稀树草原"，在中国因为山多，就是"稀树草坡"了。这个稀树草坡，在南方特别多，那是我们萌生树哥们灭绝后的情景，或者讲就是次生林最终消亡的情景。

所以你们如果分辨不出我们这类没有出息的树，那最后你们得到的，一定就是草坡，你们再怎么保护我们都没用。

萌生树：

一个国家，如果萌生树很普遍，那就是森林植被"萌生化"了，这时你们经营我们森林的头号目标就应当是"逆萌生化"。基本措施就是"矮林转变""中林转变"，利用自然力，顺势而为，把我们逐步转变成乔林，这里也不绝对排除摧毁重造。

但是，德国人19世纪把99%的我们都消灭了，换成了人工针叶纯林。这做得太绝了。所以他们20世纪时又来搞什么近自然林。各种苦处，只有他们自己知道。

我们中国人，一度也犯过德国那样的错误，好在我们脑子活泛，很快制止了。

但是，我们现在却停留在另一侧面的错误上，就是以为凡是树就是好的，好赖不分。好比一群国军混了八路军里头，看到的都是肩膀扛着脑袋的人。这样的错误，在全世界的森林经营里，还没有过。这样做学问，就是假学问了。

欧洲很早就把我们分类对待了。中国不是要精准经营森林吗？这才叫精准呢！第二次世界大战后，他们在这个精准理念下，短短30年就把森林搞好了。现在他们用只相当于我们一个省那么多的森林，每年生产出比全国还多的圆木。原因就是他们从来就没有把力气白白花在我们这帮像阿斗一样扶不起来的树上。

但是也许有人抬杠，说"我们造林经常平茬，不平茬树就长不高"。平茬是造林里头的一项技术，它与母桩萌生不是一个概念。不过，这也提出了一个问题，就是幼龄母桩平茬后的萌生树，因为携带的母桩年龄很小，算不上扶不起来的阿斗。

实生树：

萌生那帮哥们，还是有良心的，并不想掩饰自己的低劣潜能，问题是有些人类分不清好赖。

我们实生树不是不想长好，而是你们有的学者，老是把那帮阿斗一样的劣五类与我们一视同仁，弄得我们大受干扰。我们没有嘴，有话说不出来。

更不可理解的是，一段时间，你们提出低效林改造，还把我们实生树也一起灭了。直到今天，你们有些地方规程，还在主张连我们一起灭。其实你们不知道低效的最大根源是萌生树，它们本质上就不会长大、不会长高、不会长直、不会长寿。

萌生树及其组成林分的缺点，归纳为：

① 萌生林（矮林）的林龄=平均桩龄+平均树龄。

② 树桩老化到一定程度，其萌生的树就丧失了繁殖能力。

③ 萌生树组成的生态系统不稳定，这种不稳定的后果很多。但欣慰的是，基层林业人员明白这个问题。

④ 萌生树只能做实生树的下林层，自己不能构成优质林分。

⑤ 萌生树主干多数都是下段弯曲，山地尤甚。

⑥ 萌生化的长期危害是优良树种逐渐消失，森林遗传品质退化。

这就是在欧洲，林学上高度重视把天然次生林从起源上区分为矮林、中林、乔林的原因。在西欧，矮林、中林、乔林的术语，有两个概念，一个是起源的概念，另一个是作业法的概念。在中国，人们只知道作业法的概念。遗憾的是，近20年来，作业法也不提了。

当然，100多年前，德国人干脆消灭萌生林的原因，也是因为它不争气。问题是当时矫枉过正了。

大家一起说的话：

萌生林，在某些情况下还是有用的，如它们可以很快覆盖地面，保持水土。这尤其是在较干旱地区，靠萌生途径，会加速郁闭。还有，萌生林转变为优质乔林的过程，其实也是一个不断生产木材的过程。

在中国，前辈林学家是明白这些道理的。曾担任副总理17年的谭震林，他的悟性极强。他早在20世纪50年代末就发动了中国的天然次生林经营，中国林业科学研究院有20位专家，奉命在小陇山研究了20年，是吴中伦这位林学大家指导的。是这些人把萌生林研究透了。可惜现在无人想起这项极具价值的研究，甚至连它的主要结论也不知道了。

小陇山团队看清了起源于萌生的那部分，只能起一时的或者辅助的作用，当然也恰如其分地确定了萌生树的位置和作用。当初按照他们的理念经营的林分，现在还生长在小陇山上，公顷立木蓄积180m³以上，欧洲专家看了都极为震惊。为什么现在就给丢了？

侯元兆先生曾有幸于1982年随吴中伦先生去过小陇山。甘肃省林业口还有一位前辈，叫何尚贤，他先是林业厅副厅长，后来是甘肃省"两西"建设指挥部总指挥，他给侯元兆先生讲了很多天然次生林经营的知识，也把他写给谭震林的材料拿给侯元兆先生学习。

有人说，那德国人怎么不提这些理论？德国的林情变了。第二次世界大战后他们发现路子走得不对，就开始了把19世纪营造的人工纯林进行近自然化转变。现在七八十岁的德国林学家们，就是这个时代成长起来的。中国的留学生，也是在这个背景下在那里学习的。但是，一旦有矮林出现，他们都明白如何转变成乔林。

说更远些，中国的林学是从德国经由日本传来的，日本引进的德国林学核心是人工造林。日本的柳杉林那个纯度，不亚于德国的云杉纯林。日本现在也在学习德国的近自然林业思想。作为对传统造林学的纠偏，日本还冒出了一个宫胁造林法，影响较大。

在中国，几十年前有几位林学家是从法国前皇家林学院学成回国，成为原中央大学森林系教授。这些老一辈教授的理论的影响，到我国20世纪80年代还存在，也得到国家的支持。

（侯元兆）

本文后边将以专门的章节论述人工林经营，这里先论述天然次生林的经营。

我国近二三十年来的林业文献里，对天然次生林，是没有依据林分起源进一步分类的。查阅了这个时期的一些学术论文，虽提到分类，但有的说分为公益林、商品林；有的说分为抚育间伐类、林分改造类、封育保护类、特殊利用类等。1981年孙时轩教授主编《造林学》第37章谈到次生林类型划分，表述为：按发生时间分为早期次生林、中期次生林、晚期次生林；按发生地分为远山次生林、近山次生林。还提出按林分自然特征分，按生态因子分，按地形分以及按经营措施分等等。但所有这些分法，都没有从天然次生林的本质出发，无法据此说清经营问题，特别是按经营措施分的说法，原本就是本末倒置。其他有关著作，如1991年由叶镜中、孙多编著的《森林经营学》，专门列出一章（第9章）讲矮林和中林作业法，可惜仅局限于阐述作业法，没能涉及到从林分的起源加以定义。1993年由黄枢、沈国舫主编的《中国造林技术》一书，在提到薪炭林时，也提到矮林作业法、中林作业法、乔林作业法。该书在第14章"封山育林与次生林经营"中对次生林的论述更为深入，但依然没有区分不同的起源。至于近年修订的《森林培育学》（2011年，沈国舫、翟明普主编），则把矮林、中林、乔林作业法也删除了，代之以低效次生林、低效人工林、低效防护林、低质低产林改造等概念。

中国科学院林业土壤研究所曹新孙教授于20世纪60年代，在提出的"择伐林"理论中，比较准确地提出天然次生林按起源分为矮林、中林和乔林。他的这个"择伐林"理论，按现在的话讲就是异龄混交林。当时，刘慎谔、朱济凡、王战、沈鹏飞、吴中伦等几十位林学界先辈一致支持。但是，令人不解的是，近二三十年来，所有这些提法都消失了。由此也导致了这个时期的林学毕业生们，就没听说过此类划分。

欧洲林学早在一个半世纪以前，就把天然次生林区分为矮林、中林和乔林，并且成为欧洲林学的核心内容。把天然次生林分成矮林、中林和乔林，在此基础上开展转变式经营，也是始于德国，只是德国的这些理论，后来在长达半个多世纪的用人工林替代天然次生林的历史长河中被压制了。直到20世纪五六十年代，德国人自己发觉了自己的错误，开始扭转森林资源发展思路，这才导致欧洲林学思想重新回归到近自然林理论体系。这和百余年前德国的经济社会发展背景有关。100多年前，德国人受林业经济主义的影响，把森林当成赚钱的工具。Faustemann 1849年提出了一个"土地纯收益"理论（M.Faustmann, *Calculation of the Value Which Forest Land and Immaturein Stands Possess for Forestry*, 1849），这个理论主张从每一处林分获取最高的收益，从而把林业引向了纯经济主义邪路，误导全德国都破坏天然林，改成挪威云杉等树种的速生林，以至于德国的天然林剩下1%不到。日本就是在这个时候引进的德国林学，而我国的林学又是从日本"转口"的。所以，日本的以及我国的林学，都是以造林学为特征，天然林经营没有正面涉及，更不可能被作为林学的核心。加上中华人民共和国成立以后，我国林业发展又长期受前苏联的影响，对天然林只是皆伐，根本就不考虑经营。所以形成了我国今天的以造林为核心的林学体系。

但是近二三十年来，中国和日本的林学思想也开始发生变化，主要是逐步接受了近自然育林的思想。在日本，二三十年来，也在不断地邀请德国专家帮助开展近自然育林。问题是到今天，我们还没有突破近自然育林的概念层面，深入到内部去了解到那一片被忽视了的巨大的理论天地。

20世纪在欧洲，每个类型的经营技术，其实都已经非常细致了。教科书、专著、技术小册子等，都是在这样论述问题的。例如，仅矮林的经营技术要点，就有一本手册（图4-13左图），图4-13中图是一本法文的育林教科书，已连续再版，书名是《育林精要》。图4-13右图是比利时林学家编著的《森林与培育》。这些著作的核心内容都是基于对天然次生林的按起源分类进行的经营论述。

图4-13　欧洲的次生林经营理论

本书的主题是关于马尾松经营的，恰如第2章中"马尾松天然林的传统经营"里引用的马尾松天然次生林8个主要混交林类型那样。

马尾松天然次生林的基本特征与一般天然次生林基本一样。所以，也适用于关于天然次生林的一般分类。下面首先简单介绍天然次生林类型划分知识（括号内为法文）。

①矮林（taillis），是由萌条、萌蘖发展起来的林分。矮林进一步区分为：单纯矮林（taillis simple）；择伐矮林（taillis furete）。

②中林（taillis sous futaie），即含有实生树木的矮林。据法国教授讲，现在法国国家森林清查，一般使用"萌实混生林"加以表述。

③乔林（futaie），由实生起源的林木构成的林分。其概念有两个涵义：一是乔林是非起源于萌生的、至少其中的一部分达到或将达到乔木阶段的树木总体。同龄林分的发育阶段，至少要超过秆材阶段，其龄阶为：幼龄林—细秆材林—秆材林—乔林。二是与中林培

育中的保留树同义——在中林转变中，对萌生树平茬，全部保留实生树。

在现实中，我们都可以看到上述各种定义所指的林分。例如，有历经砍伐形成的杂灌丛（但不是灌木林），这样的矮林，过去就是清理后重造。但这样的做法并非是最好的，原本有办法利用原有植被做基础，培育起以乡土树种为主的乔林，这也是近自然育林的一个体现。各地还有间杂着起源于萌生的和实生树木的"中林"，过去也是清除后重造人工纯林。现在是保留那些已达到秆材阶段的树木、有培育价值的幼树，以及作为防护木的其他萌生树木，甚至灌木，用以覆盖地面，压制杂草。保留这些地面植物，较之于砍光后整地重造人工林，就可以做到一下子赢得一个20～30年生的林分，这种林分，在抚育之后的两三年内就会出现大量的实生幼苗，而清山、整地、重造，在北方，10年都无法郁闭，且有水土流失，成林后至少20年内也不可能产出任何木材。

但是，从我们接触到的现在的德国林业专家看，他们的天然次生林进一步分类的概念也不是很明确。和他们正面探讨这个问题，也是只是说德国早就没有矮林、中林了。不过，德国也还是会产生矮林（后面有举例），因此他们也还是懂得矮林的经营方法。法国的专家不同，法国的林学的核心是天然次生林经营。法国仍有600万hm^2天然次生林，占全国森林总面积的41%，正在经营中。所以法国的学生在校学习的主要是天然次生林如何经营。法国的林业文献，也以天然次生林经营为主体。

图4-14为我国的一本林学教科书目录主要部分，没有关于天然林的内容。所以说到天然次生林分类为矮林、中林、乔林，学生们不可能知道。欧洲的林学并非以造林学为核心，而是以天然林经营为核心，主要是如何把各种低质的天然次生林经营成为优质的乔林，而造林，只是天然林经营的一项措施。欧洲的天然林保护思想极为清晰，不会出现我国的是封护还是保育的争议。

天然次生林总是在人类数千年的农牧业发展过程中不断破坏而出现的，各国都是这样。人类为了恢复森林资源，就要对其保护、管理和改善，包括在有些不可能依靠自然恢复的区域人工造林。而对于现存的广大的次生林，必然是要去通过经营，提高质量。通常，很多国家的森林资源仍是以天然次生林为主体。中国的天然次生林就占森林总面积的46%（这是一个使用了几十年的老数据），而且还在扩大。

中国林学
第一篇 森林培育基本原理
第1章 森林的生长发育及其调控
第2章 森林立地
第3章 造林树种选择
第4章 林分的结构及其培育
第二篇 林木种苗培育
第5章 林木种子
第6章 苗木培育
第三篇 森林营造
第7章 造林技术
第8章 幼林抚育管理
第9章 林农复合经营
第10章 封山育林
第四篇 森林抚育与主伐更新
第12章 森林抚育采伐
第13章 林分改造
第14章 森林收获与更新
第五篇 区域森林培育与林业生态工程
第15章 区域森林培育
第16章 林业生态工程与森林培育

图4-14 《中国林学》教科书目录

沈国舫先生说过，"造林"这个词，是历史上沿用下来的，很容易导致人们忽视依靠自然力来培育森林。他说，虽然我国人工林的数量很大，但天然林仍占主体。一些低质低效的天然次生林有很大的潜力，完全可以通过各种抚育、更新等培育措施挖掘出来。从方向上看，今后应充分重视发展近自然育林的理念和实践，要依靠自然力培育森林。近自然育林不等于完全听其自然，而是要顺应自然，加上必要的人工培育措施，使森林达到更加高产高效的目的（北京林业大学《森林培育学》代绪论，沈国舫）。

我国的马尾松资源共有1000余万hm²，其中天然林就有近700万hm²。对这些资源如何经营，依靠现有的造林学知识，绝对是不够了。我国这么多马尾松天然次生林，虽然绝大部分质量都很差，但起码它们在那个地方是可以长久生存的，问题只是在质量方面。以下主要涉及次生林的分类和经营（转变）。

（1）矮林

矮林（taillis），在天然次生林中，是由萌蘖、萌条等形成的林分（图4-15）。矮林进一步区分为：单纯矮林（taillis simple），其概念有两个涵义：一是树木起源的概念，即一次性平茬后基于伐根形成的林分，树木年龄均一；作业法的概念，即定期平茬、萌芽更新作业法；择伐矮林（taillis furete），也有两个涵义：指林分类型，即由多年生伐根萌芽和萌蘖组成的林分；作业法的概念，即只收获较粗萌生秆材的部分定期平茬的作业法。务必注意，这个概念，一是表明起源，一是表明作业法。我国仅作为作业法的概念在使用矮林的概念。

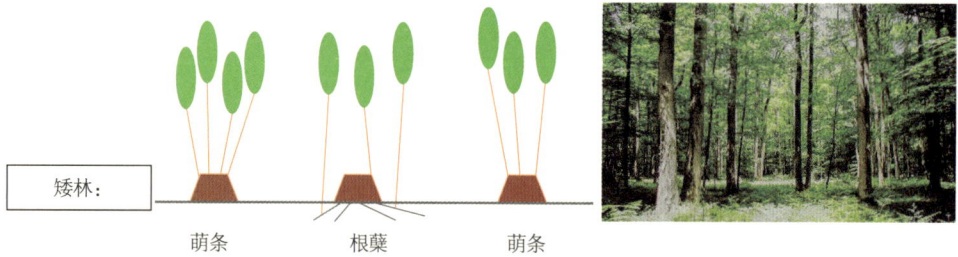

图4-15   矮林示意图

矮林又有幼龄矮林、中龄矮林和老龄矮林。发育阶段不同，经营措施不一样。如果一株幼年树木，贴地面砍伐后，它会萌发出一丛新条（图4-16）。如果去除其他的萌条，只留一两根，它们长大后基干会呈现弯曲。如果萌生树年龄比较老，主干基部会有一个像倒扣碗的基座，或有一个1~2m长的弯曲基干（图4-17）。在某些特定生长环境下，也有能

图4-16   幼树平茬萌条矮林

图4-17   萌生树主干基部弯曲

长得接近实生树的，但极少。识别一棵树是萌生的还是实生的，很容易，主要是看基部有无伐桩。99%的萌生树的伐桩都很明显。处于陡坡上的萌生树，主干基部也会弯曲（图4-18）。

图4-18 陡坡萌生树基部特征
（Yves EHRHART）

据前述小陇山研究结论，萌生树木，6～9年内生长较快，因为它们借助老桩的发达根系。但是，这个提前出现的速生期，也会提前消失，代之以漫长的衰退期。贴地面砍除萌生的树，可以形成林分。也有把树冠砍掉的，叫头木作业，也算是一种矮林，这里我们不做讨论。

矮林的前期速生特性如果用于培育薪炭材或削片材，短期内就砍伐了，那么利用了其速生期，还是合理的。但是，作为生态经济兼具的多功能森林，就要规避这种起源。

矮林的树木因为是从伐桩上萌生出来的，它的生物学特性与实生树不一样。萌生树的年龄携带着树桩的年龄信息，相当于扦插或嫁接繁殖的树木，会存在一个老化问题。矮林树木的实际年龄是"桩龄+树龄"。比如伐桩年龄是100年，在其上萌生出来的树木的年龄是1年，那么这棵树木的实际年龄就是101年。从开始就在培育一株100年的树，不可能有好的结果（图4-19）。

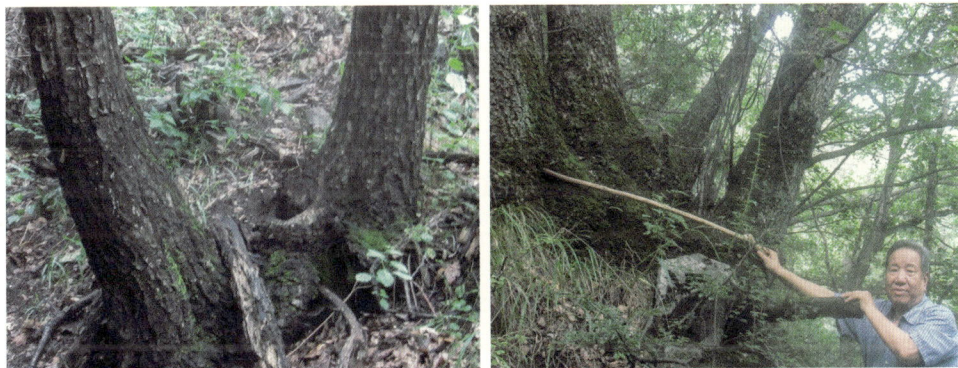

图4-19 萌生树的老龄伐桩

在能源危机期间，20世纪80年代，欧洲曾经研究用很速生、很容易萌生的杨树，生产生物质做能源。那么就要知道杨树伐桩究竟可以萌发多少茬。在法国的奥尔良，有过已经平茬8次的杨树矮林实验（每6个月平茬一次）。这时的杨树伐桩虽然还可以萌发新条，但能力显然衰减，萌条也已经没有生长活力。这说明即便是杨树这样的速生树种，其萌发能力也是很有限的。这就是矮林的生物学特性。

我国的森林调查，一向没有调查树木起源这项指标。总是把它们视为和实生树木一样的树木。这就导致森林经营掩藏着一个漏洞，就是，如果是在萌生林分上做一些抚育工作，其实不会产生预期的效果，这是浪费。

我国的矮林中，有很多百年老树桩，那些萌生树都是从这些树桩上生长出来的，这样的萌生树：第一，生长活力打了极大的折扣，立木生长势已经弱化了；第二，萌生树本身具有生长衰退的生理现象。这个生理特点叠加在第一个生理特点之上，因而衰退更为严重。因此这样的林分没有前途；第三，过于老化的矮林，本身丧失了天然更新能力，种子质量很差，甚至不发芽。依靠自然下种更新，是不可能的；第四，这样的林分的各种生态功能，必定很差。

我国林学不对林分起源加以区分，这就失去了林分科学经营的基础。但是，在吉林敦化，人们对栎类老龄矮林有一个正确的认识，他们管这种老龄萌生林就叫"老龄矮林"，定性十分准确，并采取了正确的经营措施，那就是引进别的树种，逐步替代矮林。因为这个时候的萌生老龄矮林，已经失去了活力，砍除之后基本不再萌生。这个方法，类似法国1825年提出的矮林老化转变法。

（2）中林

中林是由矮林和各种年龄的实生树木并存的林分，但林分主体是萌生树。它的林层有两个：一个萌生树林层；一个实生树不规则林层。参见图4-20、图4-21。中林现在也被表述为"萌实混生林"。

图4-20　中林示意图

图4-21　一处中林

德国的Gotta（曾任萨克森王国林业顾问，森林经理研究所主任）首先于1820年提出了"中林（taillis sous futaie）"的概念，弥补了此前只有矮林和乔林的天然次生林分类。

林层，是培育异龄林的关键。一处林冠不分层的林分，是由无规则分布于林分垂直空间的冠层决定的，称做无规则郁闭。相反，一处有林层的林分，表现为有一个或多个林层是可以区别出来的，称为水平郁闭。分层林分有一个现象，就是常有一个个由实生树构成的300 m²左右（相当于一棵大树采伐后出现的林窗）的开阔地带的林木群体。

中林没有稳定的结构，但这恰好有助于采取一系列的干预措施。较之于矮林，中林的最大特点是其林层复杂。鉴于其林分结构的这一特点，中林的疏伐和保留木的选择，都别有规则。中林的具体类型也极为复杂，可以说什么群落结构、什么林龄、什么树种都可能有，也许某一区片为实生林分（多数情况是林窗内的天然更新形成的），某一区片为萌生林分，某一区片为其他树种或非目的树种，甚至是草地荒坡。任何中林林分都不规则，因此也就没有统一的经营方案。但有一些经营原则。

（3）乔林

乔林（futaie），由实生起源的林木构成的林分。有两个涵义：一是起源于实生的、至少其中的一部分达到乔木阶段的树木总体。发育阶段至少要超过秆材阶段，其龄阶为：幼龄林—细秆材林—秆材林—乔林；二是与中林培育中的保留树同义——在中林转变中，对萌生树平茬，全部保留实生树。乔林还区分为整齐乔林（futaie régliere）；不整齐乔林（futaie irrégliere）；择伐乔林（futaie jardinée）；串根乔林（Futaie sur souche）等。择伐乔林是实行单株择伐的乔林，就是在一个经营单元（林班或小班）内，立木年龄和径级各异，从幼苗到已达采伐年龄的都有（爷爷、儿子、孙子同堂）。每一次采伐，这个经营单元必须要施以基本相同的育林作业。参见图4-22~4-25。

我国林学中，这些内涵并不明确，而这却是欧洲林学的核心。

在天然林里，乔林的树木一般都是实生的。乔林的经营相对容易。因为它们起源于种子，幼化程度100%，可以长久地生长。但是也正是因为这个原因，实生树木之间的竞争也更加激烈、更加长久，所以及时抚育更为关键。马尾松就是属于这个情况。

图4-22　同龄乔林（整齐乔林）

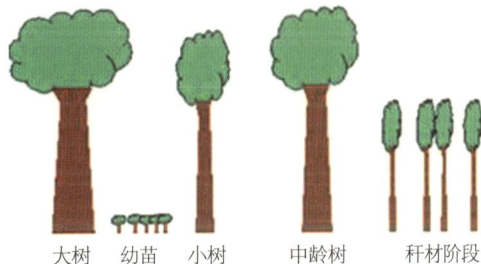

大树　幼苗　小树　中龄树　秆材阶段

图4-23　择伐乔林（不整齐乔林）

图4-24　典型的同龄乔林，也称整齐乔林

图4-25　典型的异龄乔林，也称不整齐乔林、择伐乔林

低质乔林的经营会遇到很多种情况，还区分幼龄、中龄、成过熟林等不同发育阶段，经营就是把它们从各自的起点，往近自然的优质异龄混交林转变。

幼龄乔林，幼树很细、很密，互利的时间最多只有20多年。此后，如果不及时疏伐，就走向互害模式了。这要么会导致林分整体衰退，要么部分树木逐渐死去，在这个情况下，很可能它们该枯死的不枯死，不该枯死的枯死了，即便剩下的也不会健全，主要是树冠发育都会被挤压。林分也会衰退。这种实生乔林，基础相当好，但缺失抚育，结果也相当差。

4.1.4　由起点到目标的路径：转变和改造

把各种类型的天然次生林通过经营，达到优质的近自然异龄混交林，必定是要从各自的起点出发，通过两个途径，达到目标。这两个途径是：转变（conversion）和改造（tansformation）。转变和改造都是次生林经营的方式，都是针对矮林、中林和低质乔林等各类型要经营林分而言的。但二者之间有着本质的差异。

（1）转变和改造

① 转变

转变是森林类型的改变，是一类基于保留树的由矮林或中林向优质乔林转变的育林作业。转变的概念，是德国于18世纪首次提出的。

转变作业法是由一系列概念支撑的。如保留树、保留木选择、目标树等。保留树，是指各种次生林通过疏伐作业前选择出来需要保留的各种树木，它包括那些准备长期培育的树木（适当的时候从中选目标树），目标树的防护树或其他有益无害的林木。目标树指在次生林经营中，以树木的品质和位置为基本标准而选出，并为了长期经营而被培育的树木。目标树构成林分的长期经营框架。森林培育主要是围绕着目标树而组织。"目标树"以前称为"位置树"。

我国20世纪60年代以吴中伦院士为首的一批林业专家，在甘肃小陇山的次生林经营研究试验中，实际操作的也就是类似目标树，只是当时还没有这个术语。"转变"的概念和技术体系，在欧洲林学中，是森林经营的又一个核心概念，尤其是它响应了今天的近自然育林、碳汇林业、低碳林业、生态保护等理念。这在欧洲很被看重。

② 改造

改造是指一处现存林分被新林分取代。这处新林分是由一个或多个主要的原有林地上没有的新树种组成。改造，是树种的替代，这一替代，是通过人工造林实现。

我国森林经营中经常使用"改造"这个术语，这很容易误导经营技术，但目前各种材料和教科书中都在使用。我国使用的"改造"一词，可能是指转变（conversion），也可能是指改造（transformation）。这一模糊表述，一度带来了普遍的天然林破坏，后被行政禁止。

天然林经营必须减少人工干预。这符合国家政策，也符合自然规律。我们必须在原有经验的基础上，考虑怎样减少人工干预，尽量把事情留给正能量的自然力去实现。马尾松天然次生林经营，如果人工化明显，人工干预过分，那就不算成功；如果想出办法减少人工投入，更巧妙地利用自然力，那就是创新。

（2）转变的技术模式

这里阐述的各种转变措施，在遇到的各种实际情况中，可能都是需要依据实际做出设计。

① 转变为整齐乔林

有一类乔林，它们并不一定是单一树种的纯林，但年龄均一。次生林有时是向着这样的林分转变的。通过老化的方法，一般达到的就是这样的乔林。具体办法是等待萌生树老化，让实生树长起来。对于一个林区，它也是要有一定的作业规划并在规划的基础上，采取措施逐步实施的（图4-26），首先是要采取一些临时性疏伐，保留大树，也让实生树充实起来，最后砍除低质老化的萌生树，林分就被新一代实生树林层取代。这是一个漫长的过程，但比较简单。不过此法达到的并非是我们追求的现代的近自然异龄混交林。已经废弃不用了。

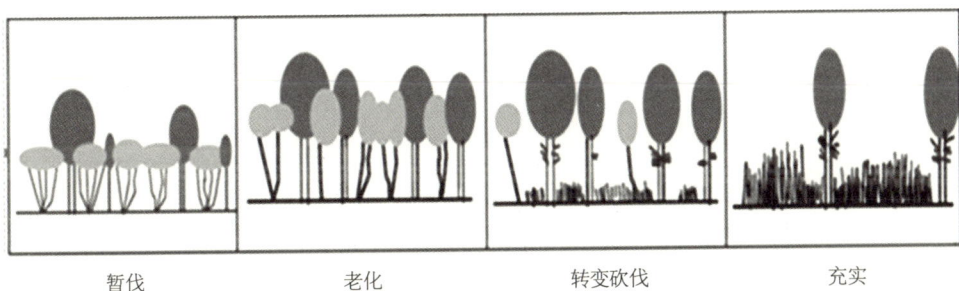

| 暂伐 | 老化 | 转变砍伐 | 充实 |

图4-26　老化林分转变流程图

I　基本原理：森林是在一个D期内被依序转变，这个时期相当于林分内主要树种的采伐周期的一半。下面的示意图（图4-27）是这样的：

整个的转变阶段，叫做转变周期，周期包含多个小周期d；

森林被区隔为·些作业片，叫做"定期作业分区"（d），在整体的周期内被依次更新；

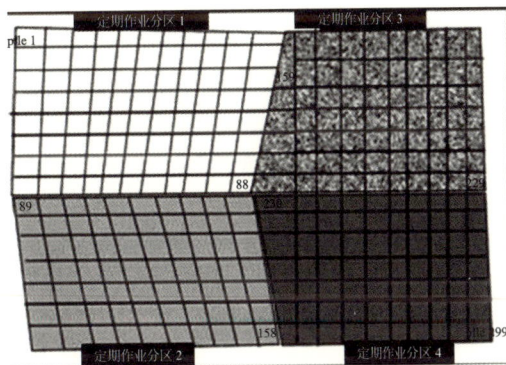

图4-27　老化转变法的作业原理图

假设转变周期=D，那么定期作业分区d的个数=D/d；

在面积为s=S/D×d的转变周期期间，一个完整的定期作业分区就会得以更新。

Ⅱ 转变流程（表4-1）

表4-1　老化转变法的作业流程

周期	定期作业分区			
	1	2	3	4
等待期	转变预备期的疏伐	中林的渐伐		
第一期	转变	转变预备期的疏伐	中林的渐伐	
第二期	改良1	转变	转变预备期的疏伐	中林的渐伐
第三期	改良2	改良1	转变	转变预备期的疏伐
第四期	改良3	改良2	改良1	转变

令人惊讶的是，吉林省敦化市也在有意无意地利用老化的原理转变他们的老龄矮林，等待矮林老化失去再生能力，在林间人工补植其他树种（图4-28）。

图4-28　吉林省敦化市的老龄矮林的"老化"转变法

中林暂伐（coupes temporaires）　对于等待转变的林分来讲，为了循序安排作业，暂伐是必要的。考虑到转变期限或长或短，砍伐萌生树有助于充实保留树群体，这些树木就是未来的下种树。在转变期限内，随着这些树的径级不同，林分会逐步得以调整。为了林分最大限度地得到充实，砍伐要谨慎。

用于转变的预备性疏伐　有两个目的：一是通过萌生树的老化，消耗其活力；二是充实实生树。育林作业要点：①保持萌生树，逐步疏伐其他萌条，留下一两根继续生存，为的是消耗伐桩活力和保持植被的连续性以及限制根桩的萌发能力。②对保留树进行健康伐，为了在转变时有健康的下种树。

转变伐（coupe de conversion）　这是一种较大力度地疏开林分的疏伐作业。适用于整齐乔林逐步更新的采伐方式。当遇到在更新区内更新幼树受到萌生树的竞争、或下种树不足、或分布不佳等特殊情况时，就采用转变伐。这对于保障目的树种幼苗存活，大量的疏开作业是必须的。

直接转变法　对萌生树从40年生开始，完全放弃砍伐。使得林分整体老化，进行转变，这样比主要树种可采伐年龄更短。问题是因为缺失了灵活性和林窗采伐，林分不再具有可采伐性。这种转变法必须长期、连续，成本较高。

密集保留树转变法 顾名思义，就是疏伐时要保留的树木尽可能地多。前提是矮林里有较多的目的树种。要对成熟立木进行砍伐。这种方法有很大的操作灵活性。但注意对那些还没有达到质量成熟的树木，要限制采伐和打开林窗。参见图4-29（三排示意图代表了一个完整的转变过程）。图4-30形象地说明了什么是密集保留树转变法。

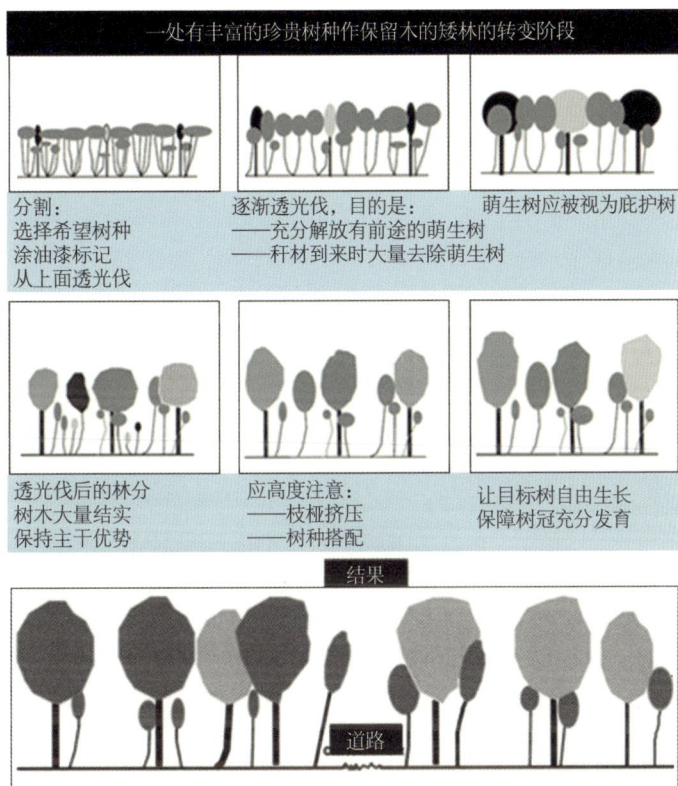

一处有丰富的珍贵树种作保留木的矮林的转变阶段

分割：
选择希望树种
涂油漆标记
从上面透光伐

逐渐透光伐，目的是：
——充分解放有前途的萌生树
——秆材到来时大量去除萌生树

萌生树应被视为庇护树

透光伐后的林分
树木大量结实
保持主干优势

应高度注意：
——枝桠挤压
——树种搭配

让目标树自由生长
保障树冠充分发育

结果

道路

图4-29 密集保留树转变法全过程图示

不合理的疏伐
只留了保留木
造成倒伏，或孤立木

增加了保留木密度的情况

图4-30 密集保留树转变法

矮林或中林的近自然经营原理，是以原有植被为基础。但仍有两种不同的做法：一是除了保留木，其余全部清除；二是逐步为保留木释放空间并保留它们的伴生树。头一种做法是错误的，因为这会造成保留木倒伏、杂草疯长、风害、冻害等各种后果。最后形成的林分，由一些优质的、有活力的和树冠发育充分的目标树做支撑。这些目标树的间距是比较均匀的。

我们曾经在北方试图建立一个天然次生林"转变"经营样板，用以和那些当时普遍存在的"改造"（皆伐植被、人工植苗、更换为单一树种）形成对照。但是，由于没有经验，样地在实际疏伐中，只留下了大树，其余的小树、下灌层和下灌层中的优质目的树种［如水曲柳（*Fraxinus mandschurica*）、核桃楸（*Juglans mandshurica*）、椴树（*Tilia tuan*）、五角枫（*Acer mono*）等］，一并被砍除了，然后再人工栽植树苗，其实这完全没有必要。欧洲人也犯过同样的错误，他们一开始疏伐过度，凡是不理想的树木都予以清除，所以实际上剩不下几株了，一旦风吹、霜冻，保留树也全部损毁。

通过小班或群丛转变成乔林　适用于各类型林分。小班等于一个经营单元，面积小于一个林班。小班内的大树保留，在此前提下实行局部的自然更新。小班内的未成熟实生树要保持。

②转变为异龄林

透光乔林作业法　法国的HUFFEL（1919年）提出的一种作业法。这是一种为着把中林逐步转变为异龄乔林的作业法。方法的命名，可能是对林分的疏开度较大，透光较多之故。

原理是：对中林每12～15年进行一次砍伐，同时对目的树种的幼苗进行透光伐，这些幼苗长大后可补充保留树群体。对每一个林班都这样做。法国在AMENCE森林实施的实验，结果很理想。BOUDRU（1968年），对那些不适应透光乔林光照的树种，做了这样的定位：作为混交树种看待；是一种需要减少的树种；是一个抚育伐的林层；是一种短伐期的抚育择伐（6～8年）。

近自然育林法（prosylva）　在欧洲，prosylva（近自然育林法）的概念，是与Sylviculture proche de la nature（接近自然的育林）不完全相同的。但都是基于以下原则：

——非常重视适应立地条件的树种，或现场判断树木的表现及其质量，追求一个稳定的森林生态系统；

——是利用优选树种培育大径材的育林法；

——追求一个永久性的林分（异龄混交乔林）；

——长短伐期相结合（每8～10年进行一次疏伐，生产秆材，或对矮林进行一次半个伐期的采伐）。

近自然育林法的原则：针对面对的林分的具体复杂性时，要点对点地采取适宜的作业。开展短伐期砍伐的同时也要结合开展抚育作业：如收获大径材，促进更新林分；疏伐乔木；抚育萌生树等。

这些作业，实际上就是进行各种采伐和抚育：解放伐、卫生伐、选目标树、目标树修枝、逐步减少萌生树、改进实生树等，如此逐步地导致实现一个优质乔林层。重视木材生产功能；抓住一切可以使得林分重获活力的机会；尽可能保持林分的采伐功能；谋求以低投入改进中林的生产潜力并使得中林逐步转变为乔林。

近自然育林法，实质上就是一类围绕目标树培育的综合培育法。但是我国的综合培育法，没有目标树的概念。参见图4-31。

（3）改造的技术模式

① 林分改造的目标和原则

目标 林分改造是皆伐原有的次生林，这是一种直接和完全的改造，目标也是为了提高林分质量。

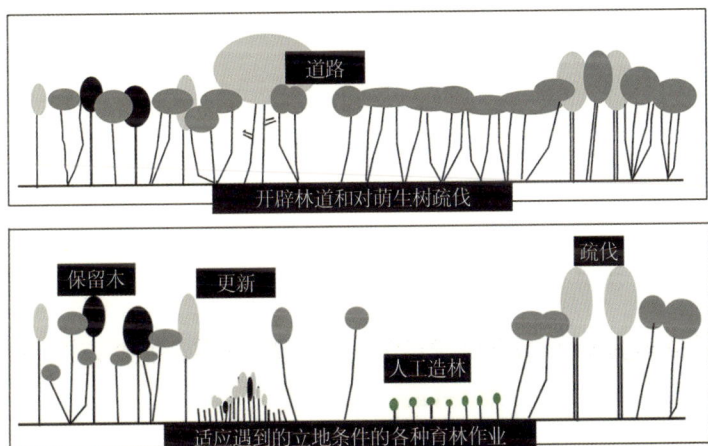

图4-31 近自然育林法图示

原则 通常，我们反对次生林"改造"，并不绝对化地反对改造。而是对此要做出一些限制。

林分改造，只能小面积实施，为的是减少皆伐造成的生态冲击。当需要改造的林分中如果有潜在目标树或需要保留一个混交状态时，改造要规避这部分的林地。为了改造后的林分出现树种混交，应当保留要改造的次生林内的原有树种；或片状引种树种；或在林分内自然扩展附近林分的树种。

② 林分改造技术

皆伐 在立地条件好的情况下，这一方法的确会迅速地改进林分的生产潜力。由于这一采伐模式会对生态和社会带来冲击，后来受到限制。见图4-32。

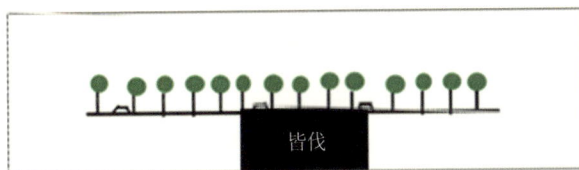

图4-32 次生林皆伐改造

带状皆伐 带状皆伐可以为幼树提供庇护，皆伐带宽不等，依树种的适应性和育林目标而定。交替带状皆伐尤其适用于坡地，带宽依林分高度和地形而定。根据苗木的生长、混交树种的培育目标，保护阔叶树种和自然更新等情况，分阶段逐步实施。以下示意图适用于各种情况（图4-33）。

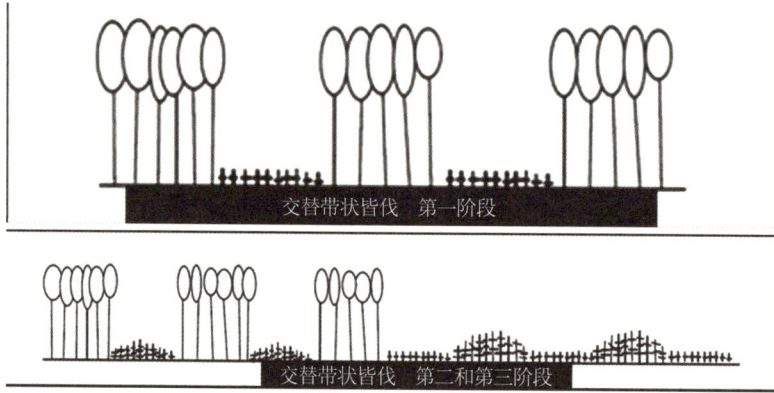

图4-33　带状皆伐

伞伐 伞伐的原理是在遮阴树下引进耐阴树种，其目的是构成一个有利的森林环境，防护晚霜，减少蒸发，节制萌生树的竞争性生长。见图4-34。

该技术原本是为了在汝拉高原上的低质中林里引进云杉。该法在改造中林时，获得了突出的效果。这项技术还被认为可以扩大应用于所有的耐阴树种。

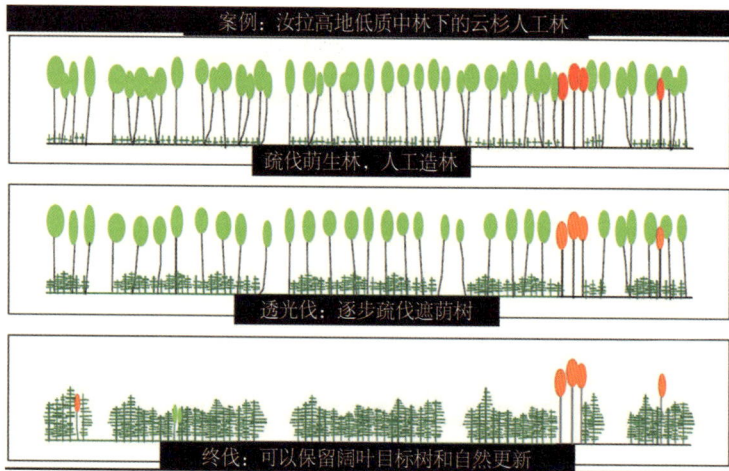

图4-34　通过伞伐改造次生林

林窗造林 就是在林窗里人工造林。一个林窗，相当于一个面积小于2000m²的小伐区，其形状各式各样。在生态学方面，林窗的出现很重要，可带来丰富的树种。随着人工栽植的树木的生长和周边树木的自然扩展，林窗也会在林分内增多。参见图4-35。

林分的充实 通常是稀疏的人工林需要充实。这里仅论述天然次生林的自然充实（也就是天然地增加树木）。自然充实，有多项人工干预技术可以采用，如在次生林分内开出窄带等，并非只是消极地等着自然力。

不管属于哪类林分，选择保留树或目标树时，有一系列的原则，如通直、有活力、有冠、无病、实生等，这些大家都知道，还有就是高径比（马尾松的高径比有待研究），否则会弯曲。

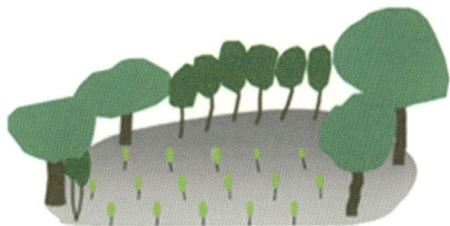
一个栽植了幼苗的林窗

图4-35 林窗造林

4.1.5 矮林的转变

有一些特用矮林，如矮林作业的薪炭林、柞蚕林、柳条林等，我们排除这些情况，这里论述的是需要转变为优质乔林的天然矮林（当然马尾松不可能萌生，这里指别的树种）。

在天然次生林的分类里已经明确地论述了矮林的定义、生物学特性以及识别方法等。在由起点到目标的路径：转变和改造一节，论述了次生林经营的"转变"法和"改造"法（在这里，简单介绍了关于转变的8种方法和关于改造的4种方法）。但显然转变法当中的密集保留树转变法、透光乔林作业法和近自然育林法，比较适合于今天的需求。改造法中的小面积皆伐、带状皆伐、伞伐有时也用得到。

矮林经营，总的原则是尽可能不清除原有林木重新整地造林，而是通过不同强度的疏伐，促使土壤内的种子发芽，种子来源于母树下种。疏伐的方式很多。个别时候也靠人工补植，不绝对地排除小面积皆伐重造。转变的过程兼顾小径材生产，最终把林分转变成以优质用材树种建群的异龄混交乔林。具体抚育方法是，如果矮林处于秆材未长成之前的萌发阶段，就是灌丛阶段，抚育工作主要是清理杂灌、消除先锋树种等，对过密的萌条、萌蘖丛适当稀疏。但注意保留高密度，以借助竞争形成通直主干。对于秆材阶段已经达到的，逐步疏伐，为那些保留树的树冠发育留出空间，这时还不到最终选定标树的时候，但下一步就是从这些保留树里选择目标树。

对于过密的矮林，采取条、带状砍除，让地面见光，土壤里的种子见光发芽（这属于带状皆伐了）。也可以每隔一个相当于目标树间距的距离（7～10m），开个林窗，在林窗下直播种子（这属于林窗造林了）。

总之，一是透光伐和轻度疏伐，让留下来的幼株继续生长，同时在稀疏处补种（以形成混交）；二是每隔3～5m，清理山……条2～3m宽的无林带，在带内补种，并抚育幼苗帮助其生长；三是均匀地开出一些林窗，每个间隔7～10m，补播、栽植实生木。

对于过老伐桩矮林（有的伐桩已经几百年了，已部分腐朽），直接在林隙补植实生树，等到这些树木基本长到秆材阶段时，再逐步清除老树。可以创造别的办法，目标就是引进实生树，逐步挤掉萌生树，转变为乔林，在这个过程中，结合生产小径材。这种经营模式可以满足短期需求。确实，立地条件较好的矮林的幼龄林或中龄林，仍有一定的继续培育价值，可选育出一些表现较好的萌生树木，按照实生树的办法予以抚育，同时也可增强生态功能。这在德国没有人这样做，但在法国较普遍。法国并不绝对排斥萌生树木。

矮林的一般转变流程如下（图4-36~图4-47）。

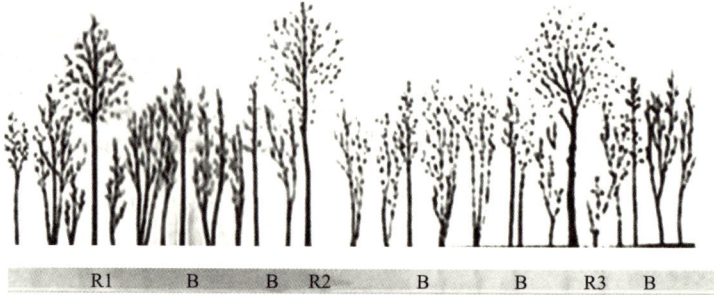

图4-36　矮林的密集保留树转变法

R1、R2：主干通直、树种理想的萌生树，予以保留；R3：霸王树或缺陷树，伐除；B（其他）：下层林木和灌木层，留存无害，予以保留。

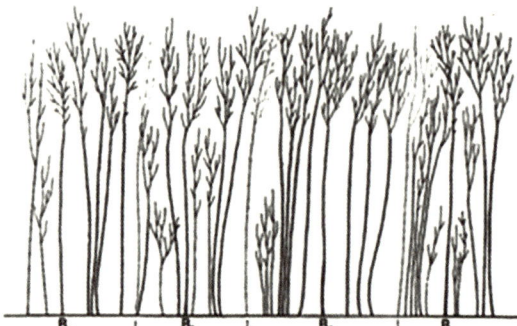

有保留木的矮林：保留木（B）合理分布，数量足够，伴生树也可修枝，林分生长趋于旺盛，可生产优质木材

图4-37　如何选择保留树

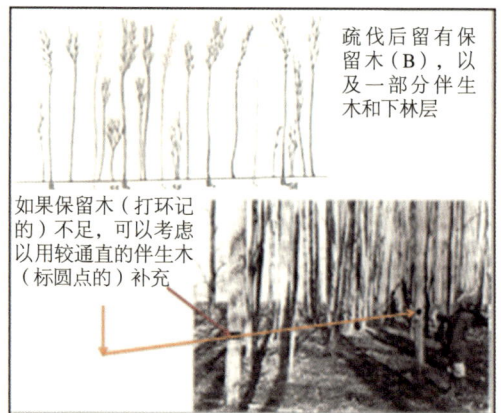

疏伐后留有保留木（B），以及一部分伴生木和下林层

如果保留木（打环记的）不足，可以考虑以用较通直的伴生木（标圆点的）补充

图4-38　保留树不足可用防护树补充

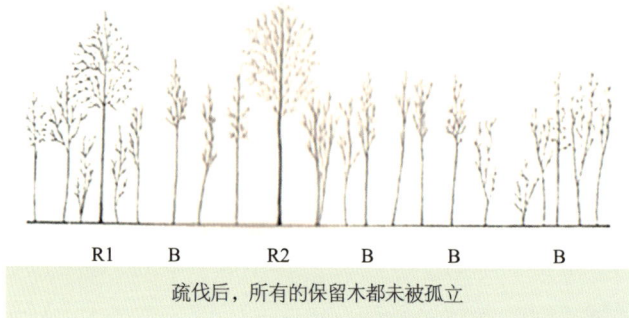

疏伐后，所有的保留木都未被孤立

图4-39　保留树必须拥有防护树

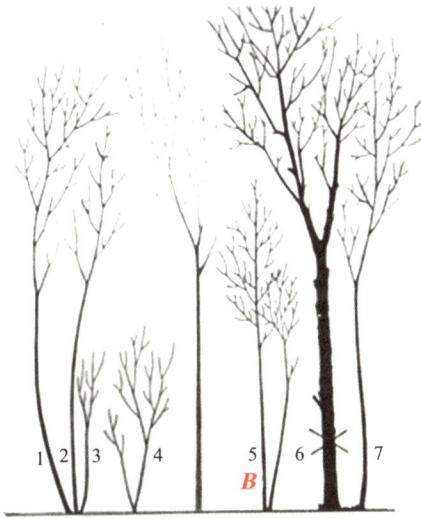

伐除 6 号树帮助保留木 B 的生长。6 号树尽管距 B 较远，但其竞争性很强，自身没有高价值。其他的树木扮演如下作用：
——1 号、2 号树，支护保留木，但是由于保留木的树冠不平衡，所以稍后应伐除；
——3 号、4 号和 5 号树属于下林层，它们保护着保留木主干，予以保留；
——7 号树虽高，但它可以作为伴生木予以保留。

图4-40 保留树、防护树和采伐树的关系

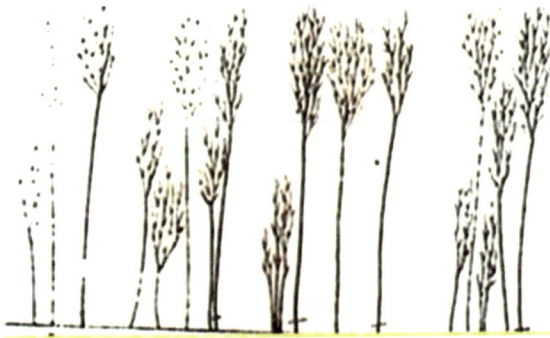

图4-41 若干年后再次疏伐调整保留树、防护树之间的关系

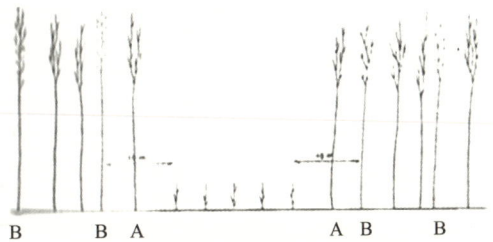

林间空地补植，但应距离保留木（B）10m 左右，或者距伴生木（A）5～6m。

图4-42 林分内林窗造林的方法

疏伐几年后，保留木生长出现竞争，再次疏伐（图4-41中打横杠的树）；

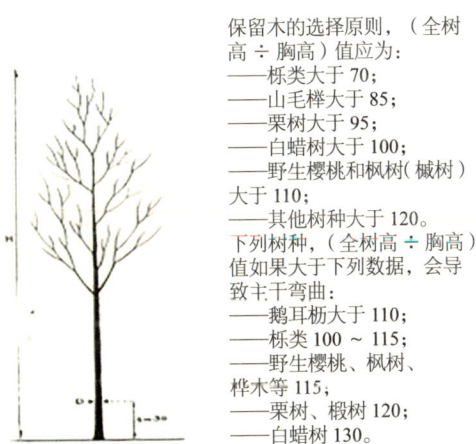

保留木的选择原则，（全树高÷胸高）值应为：
——栎类大于 70；
——山毛榉大于 85；
——栗树大于 95；
——白蜡树大于 100；
——野生樱桃和枫树（槭树）大于 110；
——其他树种大于 120。
下列树种，（全树高÷胸高）值如果大于下列数据，会导致主干弯曲：
——鹅耳枥大于 110；
——栎类 100～115；
——野生樱桃、枫树、桦木等 115；
——栗树、椴树 120；
——白蜡树 130。

图4-43 保留树选择时要注意干径比

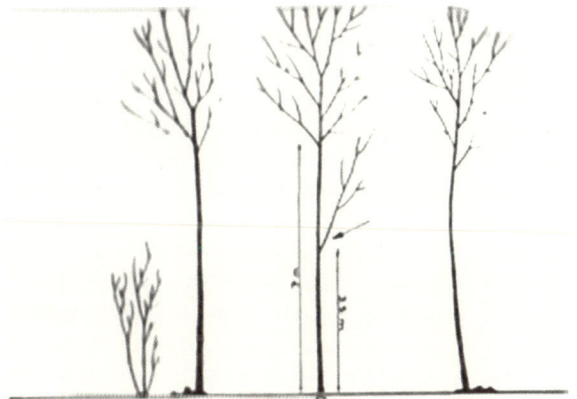

树形和修枝：如果保留木较多，可以修除主干上的枝。

图4-44 保留树和防护树必要时也修枝

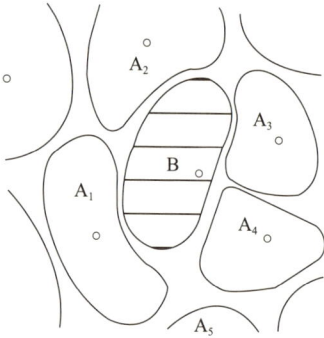

保留木 B 的树冠投影如果旁边的 A₃、A₄ 的投影侵占，A₃、A₄
就要伐除；相反，A₁、A₂ 可以保留。

图4-45　也可用树冠投影法选择保留树

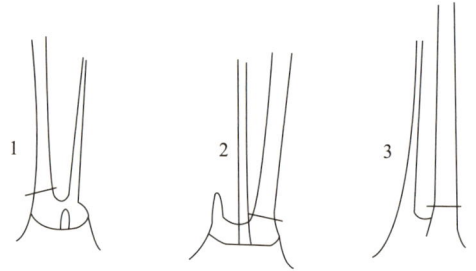

萌蘖木的择伐：
1. 头一年经营时就伐去较粗的萌蘖木；
2. 过几年再伐去初始经营时保留的已长大的萌蘖木；
3. 再过几年，再伐去最粗的萌干树。

图4-46　伐桩多根萌蘖木的择伐

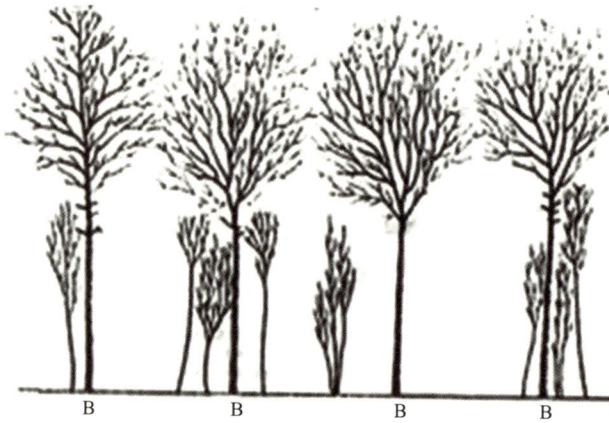

图4-47　矮林的近自然转变已经完成

　　等到保留木成为主林层，这时，矮林就转变成优质乔林了。这个过程，一直伴随着小
径材的生产。参见图4-48。

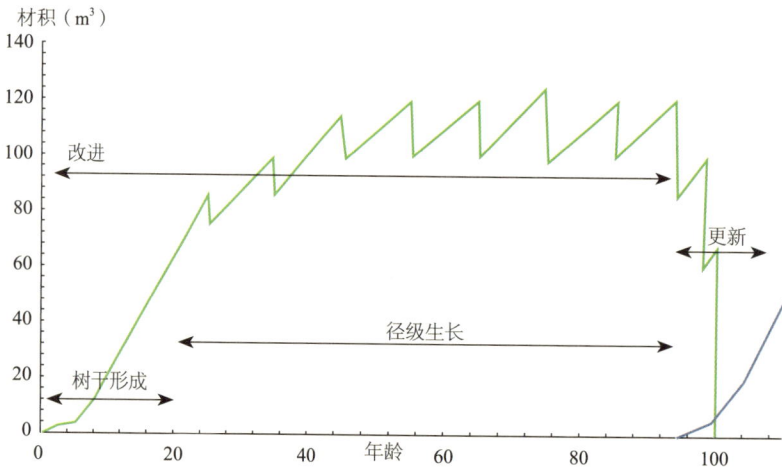

图4-48　矮林的转变过程

图4-49 杂灌丛

图4-50 竞争植物桦树要折断

下面通过查看一些实际情况，进一步理解原理和方法。

未长高之前的灌丛矮林（图4-49、图4-50）。主要是清理绞杀植物、萌条过多的萌生树丛，以及先锋树种的竞争。没有必要清理重造。

幼龄矮林，目前的做法是疏伐萌条，留两三根干形好的继续生长，但这不是好的办法（图4-51）。一般采取以下几种做法。

一是在稀疏处补植实生树。二是每隔3～4m，清理出一条2m宽的无林带，在带内补种、补植。三是均匀地开出一些林窗，每个间隔7～10m，补种或栽植实生苗木。

图4-51 不理想的疏伐萌条办法

可以创造别的办法，目标就是引进实生树，逐步挤掉萌生树，转变为乔林，在这个过程中，结合生产小径材。这种经营模式可以满足短期需求。

对于已经达到秆材阶段的矮林，保留主干较直的树木作为保留树，对干扰树逐步疏伐，同时促进实生苗的出现（图4-52）。

图4-52 秆材阶段，选择保留木，进行疏伐引进实生树

4.1.6 中林的转变

（1）中林经营的总体原则

如果中林里的两个地段，一个全是萌生，另一个全是实生，则分别按照矮林转变和乔林转变对待。对于稀疏及无林地段，则通过自然力或人工促进，培植新植被；对于无明显萌生和实生区分的混生地段，属于一个林班内部的情况，更为复杂，后边单独论述。中林区片内如果目的树种不多或基本没有，则应注意引进目的树种，或借助采伐成熟木的机会更换树种。对于草坡荒地，则加以封护，等待自然成林，或人工栽植。对已达到秆材阶段的林分，选择保留树或直接选择目标树，稀疏地段人工促进天然更新。伐除严重干扰树，其他尽量不扰动。

萌生—实生树木在同一个林班共存。这里论述在同一个林班内，萌生树和实生树混生的情况。这涉及到萌生树和实生树迟早会形成不同的林层。

（2）抚育伐作业

林层复杂，这是中林的最大特点。而林层，是培育异龄林的关键。中林的林层有无规则郁闭（林冠不分层，由无规则分布于林分垂直空间的冠层决定的）和水平郁闭（林冠分层，表现为有一个或多个林层）两种情况。参见图4-53、图4-54。

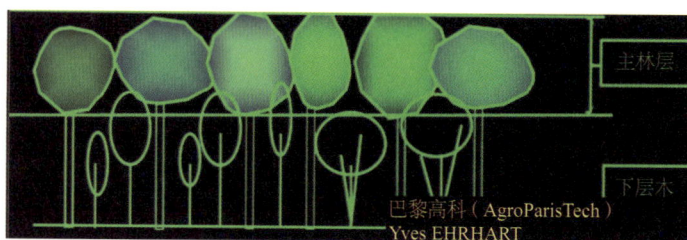

图4-53 中林的林层

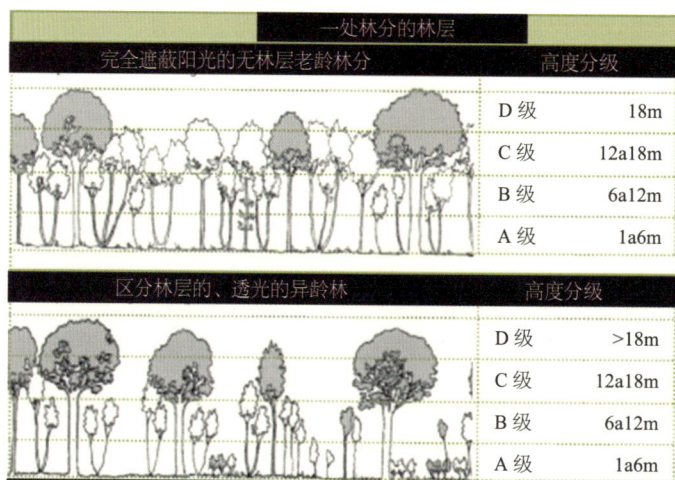

图4-54 中林的林层（上图：无规则郁闭；下图：水平郁闭）

中林的抚育伐作业要在上下两个林层进行。一是在萌生林层疏伐，就是要标记保留木（实生树），砍伐萌生树；二是在保留木中疏伐并收获成熟木，通过部分保留树更新林分。如果新增保留树木足够，那么森林生态系统的发育就会正常。可以利用每一次对萌生树的砍伐，获得一些新生的实生树。

一处理想的萌生—实生树木共存的中林，应具有的特点：保留木和萌生树之间的平衡：砍伐前地面投影为实生树与萌生树之比为2：3；砍伐后该地面投影为1/3。就是说要砍伐一半的保留木。

中林类型，通常为老龄树居多。把它们转变为近自然异龄林，措施是：通过透光伐，促成实生幼苗出现；要使这些幼苗中的一部分能够生长到秆材阶段；要使这些达到秆材阶段的实生树中的一部分达到林冠层以上见到阳光，有助于更新的阳光主要由林层决定的。中林没有稳定的结构，这其实有助于采取一系列的干预措施。中林林分经常可以遇到，在一处分层林分中实生苗构成一个约为300m²左右（相当于一棵萌生大树采伐后的林窗）的开阔地带的林木群体。这可使我们不必通过人工干预建立林窗，而只须谨慎地经营这些实生树即可。中林林分的发育最经常表现为几个连续的阶段：一个阶段是中大径树木占优势，继而是大树无规则地占优势，然后是砍伐以后中径树木占优势。经营时也没有必要遵循一个径级分布比例，而是要始终把注意力放在足够的实生幼树的产生上。就是要追求一个好的林层并且长期保持它。

伐区分割。对中林中的萌生树，通常在首次疏伐时，要加以区片分割。每20～25m砍伐出一条带。目的：一是方便集材，减少机械进出压紧土壤；方便出入（调查、标记采伐木）和开展各种作业；保护实生幼树；林分透光。

（3）实生树或异龄林的采伐

目的是收获成熟立木，帮助目的树种径级生长（有时要伐掉影响其生长的次质树种），逐步消除病弱木或有害树木。伐出的立木材积应为10%～20%。这一比例适合于立木蓄积的轮伐。有助于逐步实现有利的立木蓄积（每公顷80～120m³）。轮伐：根据土壤情况，每8～12年伐一次。每一次的伐点，都要有利于树冠拓展。这一树冠空间会自然地趋向模糊，引起林分的水平郁闭。经常进行砍伐，可以导致阳光投射到地面。另外，这样的每一次少量砍伐，风险也比较低，有利于为每一棵优质立木寻找到最佳收益的机会。

（4）伴随作业

异龄林是从自然力那里获得好处的。在过滤的阳光下，只有最具活力的实生苗可以存活，而且它们在同一受限生境时，天然地就具备了自己的特性，而且还有利于达到秆材阶段和自然疏枝。在此情况下，解放伐变得没有必要了。此外，幼树会变得健壮，可以减少针对目标幼树的抚育活动。还有其他几项伴随作业：单独保护特殊植株；夫除绞杀植物；必要时人工补植，这有利于局部地补充更新，或改善树种多样性，还会改善林层。

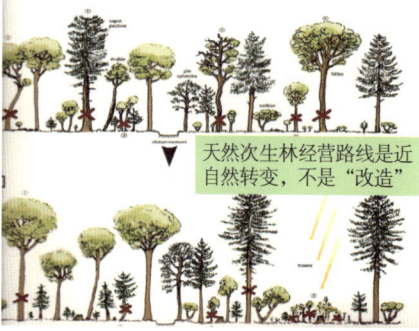

图4-55 天然次生林近自然转变

天然次生林经营路线是近自然转变，不是"改造"

中林：

保留幼树
1倍矮林龄

以前保留树
4倍矮林龄

目标树2倍
矮林龄

以前保留树
3倍矮林龄

图4-56 中林的林层级采伐

以上各点，参见图4-55、图4-56。该示意图综合体现了同一处萌生—实生树木混生的中林的抚育措施。它类似于我国的"综合培育"概念。

但虽然如此，仍有两种不同的做法（图4-57、图4-58）：一是除了保留木，其余全部清除；二是逐步为保留木释放空间并保留它们的伴生树。头一种做法是错误的，这会造成保留木倒伏、杂草疯长、风害、冻害等各种后果。如图4-57是一处中林，主林层的林木已经20余年生。它们可能是萌生的，也可能是实生的，不过大多数都没有长期保留的价值，但短期内有它们存在，可以起到压制杂草、提供种源、保持生物多样性以及保持水土等生态作用，因此这些大树在一定阶段是不可缺少的，只是这样的中林质量较差。所以要通过转变的办法逐步转变为优质乔林。图4-57的做法是保留全部大树，清除全部下层林木（图4-58）甚至在稀疏地段人工补植苗木，这些都是没有必要的。只要保留大树、砍除霸王树及低劣的树木，给下林层中的高价值实生小树周边折灌，再过10到20年，再逐步砍除上层林木，让下层高价值实生幼树成长起来，那么这片低质林分就会转变为优质的近自然异龄混交林乔林。这中间还会有一些抚育措施，如清除有前途的实生幼树周边的杂灌、杂草等，宗旨是保护实生幼树。

下面各图表明了中林的一些转变措施，但不是全部，仅举例而已。

图4-59，这是一处比较稀疏的中林，正在等待天然充实新树。图4-60是在这种稀疏地段已经出现的幼树，数量足够，干形挺拔，均为优质目的树种。这片低质中林的前景相当好，而且经营的成本很低，

图4-57 一处近自然转变的中林（保留
上层林木，促进实生幼树层出现）

图4-58 林内情况：立木稀疏后，阳光
投射到地面，新苗即可长出

主要是借用了自然力。

图4-61代表了最为一般化的中林抚育措施——疏伐。应该说，这是一种综合疏伐，各种目的的疏伐都包括了。疏伐后，林分里的实生树木、部分补充缺位的实生树木、表现较好的萌生树和伴生着它们的防护树等，都做了合理的保留，而各种干扰树则做了去除。低质的中林林分得到了很大的改善。

图4-62是一处综合疏伐的中林林分，但疏伐有些过度，没有保留防护树。好在保留树都不很细、很高，一时间不至于遭遇灾害。疏开以后的这处林分，相信很快就会天然地出现更新层。好处就是有一些大树可以下种。一个潜在的问题是，在清理下面的林层时，不分青红皂白，一些原有的目的树种很可能一起被清理了。如果留下它们，这处林分的转变会更快。

图4-63代表了我国较普遍存在的典型中林。在这样的林分里，萌生树和实生树混杂，关键的抚育期内（早期的疏伐和较前时候的保留木选择），没有疏开林分，任何树木都没有树冠。部分树木还可能过细、过高。这样的林分，完全转变为优质的乔林，可能性不大了，但做一些处理，还是会产生积极的效果。主要是降低一些标准选择保留树，以此培育较低档次的立木，并在这个过程中不断生产小径材。林分的整休质量会得到改善，生态功能会走向强大。

图4-64是一处老龄树木的林分，其经营办法主要就是更新，培育新一代林木。

图4-59 一处中林的稀疏地段

图4-60 稀疏地段出现天然更新层

图4-61 左侧为已疏伐，右侧未疏伐

图4-62 清理后补植了针叶树

图4-63　栎类中林，应选择保留树

图4-64　萌生树老化，引进实生树

4.1.7 乔林的转变

需要经营的乔林有很多类型，凡施加了经营会产生经济或生态效益的乔林，都有理由加以经营。主要包括稀疏乔林、老龄乔林、失去天然更新能力的乔林、树种低劣的乔林、霸王树多的乔林、过密的乔林（特别是过密幼林）、一般的乔林（经营是为了促进发育）、实施目标树经营体系的一般乔林，等等。

乔林经营主要考虑的问题是：一是现有树木中是否可以选出足够的保留木或目标树；二是把纯林引向混交林或促成下层林；三是疏伐；四是建立更新层；五是林分抚育，如修枝等。

需要经营的乔林，也分幼龄林、中龄林和成过熟林。

如图4-65，幼龄乔林如何经营呢？主要是要逐步疏伐，伐除其中一些干形较差、过密、树冠太小和树种价值低的单株，为较好的一些树木的树冠发育拓展空间。以便若干年后从中选择目标树。

图4-65　常见的已达到秆材阶段的幼龄乔林

处于这个阶段的乔林，可以较多地选择保留树，在随后的多次疏伐中，再从中选择目标树，有条件的林分，也可以直接选择目标树。

目标树的选择条件是：

★ 要等到秆材长成再来选择；

★ 不追求目标树成行排列；

★ 目标树间距是：目标胸径乘以20或目标胸径乘以25（依树种特性而定）；

★ 均匀分布，个别情况下可2～3株挤靠在一起，但应外围树冠舒展；

★ 干形通直，枝丫较少；

★ 规避萌生起源的树木（并非绝对）；

★ 树冠相对完满；

★ 影响目标树树冠的干扰树要去除，其他林木以及灌层没必要去除。

自然保护区里的资源也需要经营，因此也要选择目标树。这种目标树体系的功能也是长期支撑起保护区森林生态系统的框架，但是选择标准是为了生态防护。这种目标树叫"生态目标树"，在此不予论述了。

目标树的选择时机，参见图4-66，以15～20年为最佳。

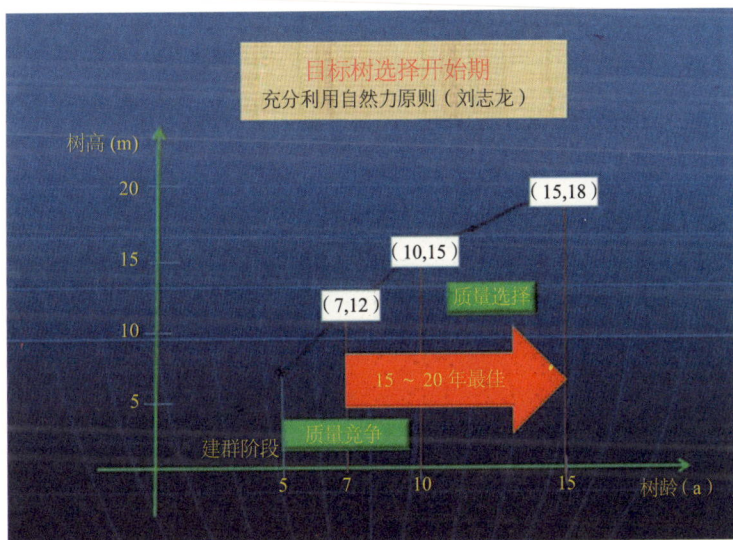

图4-66 目标树选择时机

德国弗莱博大学的Heinrich Spiecker教授，给出过一个确定目标树间距的公式。如下：

每公顷所选目标树的株数以及目标树间距计算公式为：$d=2\times\sqrt{\dfrac{F\times\sqrt{3}}{6}}$，$d=d_{1.3}\times20$。其中：$d$为目标树间距；$F$为每棵目标树生长所占土地面积，假定覆盖率为70%。举例：目标树胸径=70cm；年径增量=2.0mm；每公顷80棵树。

目标树作业体系有四大优势：① 只要建立起目标树作业体系，森林生态系统就具备了长期稳定的基础；②目标树体系借用的是自然力，人工投入低、自然增值大，符合低碳经营原则；③目标树培育既可满足对优质中大径材的需要，又可通过疏伐非目标树获得中间收益。见图4-67、图4-68。

图4-67　由低质乔林经近自然转变而来的优质乔林

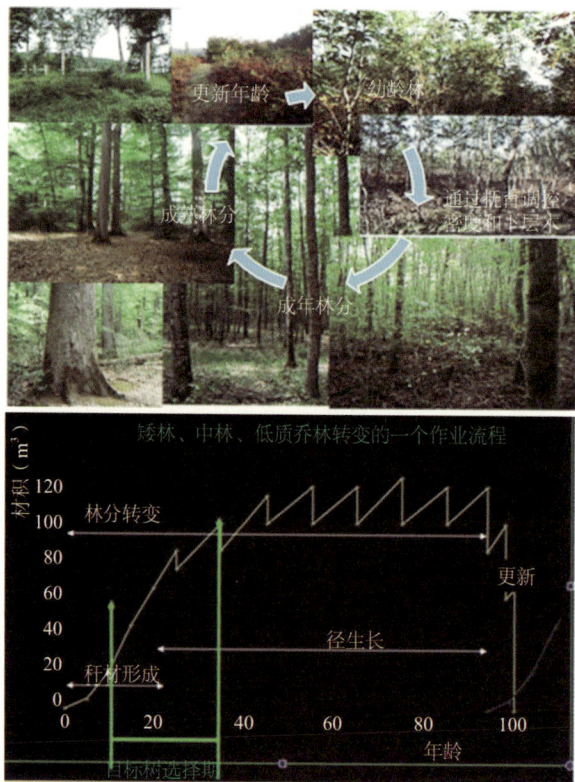

图4-68　矮林、中林、乔林，从幼龄到更新阶段的经营全过程
（Yves EHRHAR，Pascal MAYER）

4.1.8　人工林的转变

以上说的都是天然次生林经营理论体系。在第6章我们还将具体论述马尾松天然次生林

的经营问题。在第3章中我们曾说过，马尾松人工林的经营问题说后面还会阐述，这里我们就论述这个部分。

首先也是作为基础理论，先论述人工林的近自然经营，而后再具体论述马尾松人工纯林的出路问题。人工林的问题是一个很大的、更急迫的问题，特别是马尾松人工纯林。我国的马尾松纯林模式，在严重的病虫危害面前，正在被终结。

最近，盛伟彤先生写了一篇文章，叫《关于我国人工混交林问题》。这里，非常赞同他文章里的观点，因此也作为理论依据，引用在这里（插文4-2）。此文虽然就一般人工林经营发表观点，但文中有很大篇幅讲了马尾松的天然次生林经营和马尾松人工林的经营，其核心思想就是在讲人工林的近自然化问题。

插文4-2

关于我国人工混交林问题

近些年来，林业行政部门、林业科技工作者，都很重视人工混交林的营建，全国各地都在积极发展混交林。我国人工混交林的发展，在20世纪80年代以前有零星的试验研究和小面积的种植。20世纪80年代以后，鉴于中国人工林稳定性存在问题，影响了人工林的长期生产力以及国家木材供应能力，因此又将发展人工混交林放到了林业发展的重要位置，企图通过发展混交林，提高人工林生物多样性和稳定性，改善人工林的树种结构，特别提倡多发展阔叶树和珍贵树种，以增加人工林的经济价值、生态价值和景观价值。发展混交林，既是国内林业发展、环境建设的实际需求，也是与国际上普遍关注的森林管理的可持续性相吻合。1995年联合国粮农组织（FAO）出版了 *Plantation in Tropical and Subtropical Regions Mixed or Pure*，反映了国际上对混交林问题的重视。在这个出版物中，提出了混交林的5种类型。在纯林与混交林对比中，详细阐明了混交林的环境效应（土壤、气候与污染、火、野生生物、昆虫与病害），产品与效益，混交林的管理，收获。

1 我国人工混交林发展概况

到目前为止，有关我国人工混交林的发展面积尚无统计数字，但有关林业科技部门、林业生产单位（如林场、林业局等），均营造了不少试验林，20世纪90年代以后，陆续发表了不少试验研究与调查报告，也有专著及会议论文集出版。据陈楚莹、汪思龙在《人工林混交林生态学》中统计，我国主要人工林混交林类型有13种，如针叶树与阔叶树混交（这类当前是主要的），如马尾松、杉木、油松、落叶松与阔叶树的混交，有针叶树与针叶树的混交，如马尾松与杉木、杉木与柳杉、杉木与福建柏混交；有针叶树与固N树种混交，固N树种主要为台湾相思、桤木、紫穗槐与沙棘；有阔叶树与固N树种混交，如桉树与马占相思，杨树与刺槐等混交。

但由于混交林培育需要较长的周期，因此大多数混交林还处在试验性阶段，由此当前虽然积累了不少阶段性的科研与技术成果，但还很缺乏培育混交林的成熟经验。

2 我国混交林培育中存在的突出问题

2.1 培育目标不明确

从现有研究成果看，似乎混交林主要在生态目标方面有大量的报告发表，研究培育技术的较少。发展人工混交林的目的是提高人工林的稳定性，保持人工林的长期生产力，并提高人工林的质量与生长量。因此发展人工混交林不只是生态目标，特别是用材混交林。研究混交林的生态效果是必要的，但还应突出培育技术。培育技术滞后，不仅混交林的生产目标不能实现，生态目标也难达到。即使是培育生态性人工混交林，也要考虑林产品（包括非木材林产品）的产出与经济效益。

2.2 育林技术的贮备严重不足

在以往的混交林育林技术研究中，主要是与营建有关的技术，如树种选择、混交树种的比例与配置等，这些研究在混交林营建之初当然也是很重要的。但在整个混交林的生长发展进程的不同时期、不同阶段的育林技术研究很少。另外，用于制定育林技术的基础数据，如不同混交树种与整个林分生长、分化、竞争过程与株数变化的观测资料也很不足。混交林培育所需的技术与数据资料均缺乏贮备，严重影响了人工混交林培育技术进步与提高。

2.3 尚没有形成人工混交林的育林制度

什么是育林制度（或技术体系）呢，就是按确定的培育目标而制定出的一系列技术指标与技术体系。技术指标包括培育周期（或轮伐期)或不同树种的采伐年龄，不同树种应达到的采伐径级（按立地条件确定的目标直径)，林分的生长量、蓄积量与出材量等。技术体系包括混交林的类型与树种选择，整个林分生长过程的密度与竞争调节，树种比例与配置，目标树培育，修枝与采伐更新等。技术体系是按照技术指标制定的。

据我了解，在许多人工混交林的培育中，尚不能进行这种育林制度的设计，但培育制度在人工混交林培育中是关键性的，它比之纯林培育更为复杂，更为重要。

2.4 非人工营造的混交林没有得到应有的利用

在我国各林区，与人工林有关的非人工营造的混交林，有多种多样。但凡人工林周围有天然林分布的，许多人工林下多有良好的天然幼苗，有的地方，这些天然的树木已与人工林形成了混交。这在南方、北方林区普遍存在。另一种是在天然林迹地上的人工林，林下有实生与萌生的天然林木，抚育时常被当作杂木砍除了，抚育不及时的则形成了混交林。不管这些林分是在更新阶段，还是已经形成了混交林，均很有利用价值。但这类混交林分（也可以称作半人工混交林）大多数还没有得到利用与培育。

3 关于人工混交林的经营

由于人工混交林存在上述四方面的问题，尽管生态学研究上达到了一定水平，但培育技术仍然是落后的；虽然不少混交林类型在生产上进行了推广，但培育好这些混交林却是困难的。如何克服培育人工混交林的困难，避免盲目性，更好地推进人工混交林的培育，下面谈一些意见以供交流。

3.1 明确培育目标

培育混交林虽然常常是多目标的，但应有主导目标，如营建人工用材的混交林与营建公益林防护林的混交林主导目标应该是有所区别的。培育人工用材林的混交林目标应该是林分质量与生产力高，健康稳定，生态与经济效果好。具体目标包括培育的材种与树种，林分的生长量与径级，轮伐期等。而培育公益林主导目标是良好的生态与环境效果，但也要有生长、产出和经济目标。上述这些目标是制定整个培育技术措施的基础。

3.2 设计育林制度

根据培育目标设计制定整个育林周期内的系列培育技术，包括混交林的类型（如同龄的还是异龄的，单层的或是复层的，同是乔木的还是乔木与灌木的，永久性混交，或暂时性的，不同树种同是主林木，或另一个为辅佐林木等）选择，不同生长发育阶段林分密度与竞争控制，培育周期与采伐更新等。

3.3 加强混交林的研究与生长发育进程观测

混交林培育要比纯林复杂得多，由于有关混交林培育缺乏技术数据与技术贮备，因此要大力加强试验研究。

重点要研究：

① 不同类型混交林的不同培育目的的育林制度（技术体系）设计和混交林林分生长发育进程及技术措施效果的定期观测。

② 目标树的培育。

③ 修枝技术。

④ 生长模拟。

⑤ 经营模型编制。

⑥ 采伐更新。

⑦经济效果。

⑧生态与环境效应等。

通过这些研究，使我国人工混交林育林技术得以尽快提高。

3.4 充分利用自然力培育人工混交林

3.4.1 关于人工与天然相结合形成的混交林（半人工混交林）的培育利用

目前用于试验或培育的生产性混交林，大多为人工营建的混交林，但实际情况是，我国人工与天然相结合的混交林比人工营建的更多。

这类混交林的形成有三类情况：一类是在人工林中由于天然树木下种形成的，如东北林区称之谓"人天混"，如在红松或落叶松人工林下有诸如水曲柳、黄波罗、核桃楸、椴树、械树、桦木等阔叶树出现；又如在南方杉木、马尾松人工林下出现樟科植物、栲属植物、檫树、木荷、拟赤杨等。另一类是在天然林采伐迹地上营建的人工林，林下常常有不少萌生与实生的阔叶树。还有一类是在老龄人工林或疏林或失管的人工林下有天然下种幼树，或人工补植而形成的复层异龄林，未经有目标的培育，林相不好。

上述三类人工混交林，林下常常有优良的阔叶树，甚至是珍贵树种，因为是自然更新形成的，比人工栽植的更能适应环境。这类混交林林下的树种多，年龄差异大，分布不整齐，但只要根据林况，确定培育的目标，对树种组成、分布及竞争情况进行调整，对更新不足的或树种组成不理想的进行补植，采取得当的育林措施，是很有培育前景的，比完全人工营建的人工混交林容易成功培育。

3.4.2 关于人工混交林的营建

目前试验的或生产上培育的混交林，大多是人工营建的，利用天然下种形成的人工混交林不多。但从现在看来，人工营建的同龄混交林，有的甚至是同林层的，此类混交林由于我们对不同树种生物特性和生长规律了解不够，常常不易培育，种间关系，培育目标比较复杂。根据我的考察，在中、近、成熟林下或疏林下，培育不同龄、不同层次的耐阴树种混交林，较易成功。我在中国林业科学研究院广西凭祥大青山实验中心考察时看到，在大龄的马尾松林下种植的红锥，在老杉木林下种植的鰲蕀栲是成功的，有些在老龄人工林下种植樟科植物、栲属植物、木荷等，生长很好。在东北林区，落叶松人工林下更新的水曲柳等生长也很正常。与固N树种混交有利于提高土壤肥力和林分生产力，尤其是乔灌人工混交林也较好培育。在土壤瘠薄地方与固N树木混交能有较好的维护地力的效果，可促进林稳定地生长。

3.4.3 人工混交林培育应与发展珍贵用材树种结合起来

我国许多珍贵树种，天然情况下是生长在混交林中的，其干形、整枝都很好。但人工栽培珍贵树种时，常常采取纯林栽培方式，不易取得理想效果，而混交栽培较易成功。因此在营建混交林时，尽可能应用材质优良的阔叶树种，以培育珍贵用材，也以此提高用材林的价值。另外，上面提到人工与天然相结合的混交林，天然更新中也有许多珍贵树种，也应将其作为培育混交林的主要目标，应加以提倡。

（盛炜彤 2018年6月）

显然，盛炜彤先生文章的核心观点是，充分利用自然力培育人工混交林，就是人力与自然力相结合，转变成的混交林（半人工混交林）。但具体情况也要区分各种类型。比如，我们主张个别立地条件很好的、适宜作为专门的速生丰产林培育的地段，应当规划出足够的部分，经营马尾松人工纯林，专业化地培育木材。我国有这样的地区，尤其是广西、贵州等省份的某些地区。因为在这类地区，马尾松生长很快，主干通直，没有病虫危害。

除此而外，一般的马尾松人工林，应该近自然化，转变成"近自然异龄混交林"。其主要技术路线是利用自然力，培育天然的阔叶树种，或引进阔叶树种，适时地从各类树种中选出目标树。留出防护树，对其余的树木进行疏伐，加大透光，对于不影响目标树生长的其他林木，也予以管理，让其生长更多的木材，但如果影响了目标树，就砍伐。如此实行人工林经营的长周期和短周期相结合。专门的马尾松速生丰产林，有专门的培育技术，各地都有经验，这里不再涉及。这里说的是一般人工林的近自然转变。

（1）林分的充实

通常是密度较低的人工林需要充实。林分的自然充实（也就是天然地增加树木），这是一项战略性的低投入林分经营技术。自然充实并非是人工什么都不管。有多项技术可以采用。如在林分内开出窄带、庇护等。这样的作业的成功取决于：树苗的形态和遗传性状应很好；造林选位有利，进入方便（林道）；抚育方便（机械）。参见图4-69。

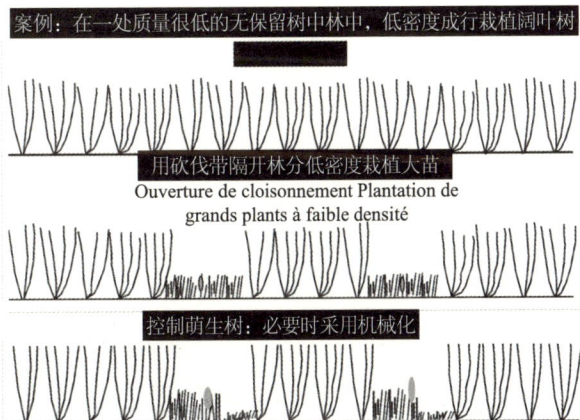

图4-69 稀疏人工林内的人工或天然充实

（2）幼林管护

幼林应当较密。追求一个高的栽植密度：一是为了应对各种意外损失；二是为了将来选择目标树的余地大一些；三是能促进秆材的高生长和自然整枝。

在树木比较小的阶段，还不能知道它们当中的哪一些会长得更好，因此不能选择目标树。即便树木的主干长成之后，也不能急于选择目标树，这时是通过疏伐，选择保留树

（也可以视为"候选目标树"），要把这些保留树保护好，对它们有干扰的各类灌木或其他小树，用折灌、折干、环剥、砍除等方式处理。这个过程中，应进一步疏伐，释放保留树树冠发育的空间，在此过程中，对保留树不断优选，最后留下来的都是最好的树木，这就是目标树了。当然，目标树的选择有一系列的标准，特别是要均匀分布。因此，目标树过去叫"位置树"。

马尾松像其他大多数树种一样，如果单株独处，干形会很差。最好有与之混交的树种。保留树及从中进一步选出的目标树的干径比应在70～100区间（就是避免瘦高型的），选有生长潜力、生命力旺盛的。想要促进径级的生长，就要有更大的空间，这样会减弱自然整枝。幼苗期可任其生长，追求干径通直和自然修枝。如果幼林内生长着干扰树，应抑制其生长。对于大一点的，小于12m的，可以环剥，再大一点的树伐走。

一个核心的理念就是应当把经营活动主要集中在目标树上。

（3）冠幅与修枝

树冠的生长和径级是直接关联的，如果想要径级生长，那么需要冠幅扩大得快，如果冠幅生长较大，下面的枝丫也会比较粗。这里面存在一个矛盾，即想要促进径级生长，就要有更大的空间，但这会减弱自然整枝；自然整枝多了会减缓径级的生长。这个矛盾怎么解决呢？

解决办法是分两步走：第一步，修枝（人工修枝或者自然整枝）；第二步，促进径级（树冠）生长，德国叫做"两阶段培育法"，也被称作"Q–D原则"：

Q = 质量形成阶段，D = 直径增长阶段。

图4-70左图表明了树高生长和年龄的关系。在幼年的时候树高随着年龄增长很快，但是到了一定的阶段，高生长就慢了。图4-70右图的红线表示枝下高随着年龄生长的情况。这里说明的是两个阶段。早期阶段，大约20年之前，主要是自然修枝阶段，当修枝完成后，第二个阶段是促进径级生长阶段。可以看出第一个阶段的时间是很短暂的，但不同树种也不一样，有的是10～20年，有的是30年。在林龄为20年的时候，是促进它径级生长的阶段，也是选取目标树的最佳年龄。

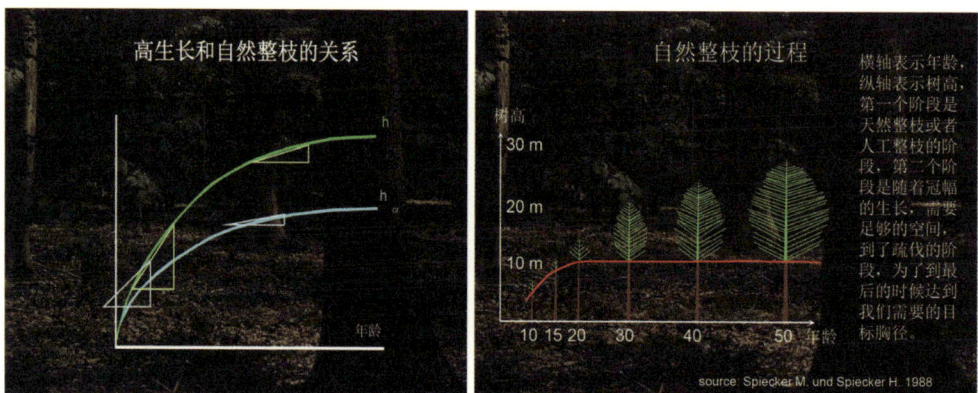

图4-70　树冠生长与径生长的关系

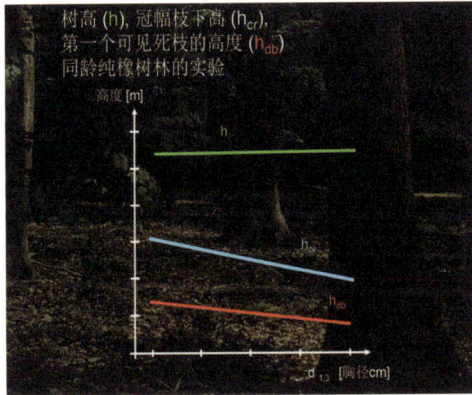

图4-71 树高与胸径的关系

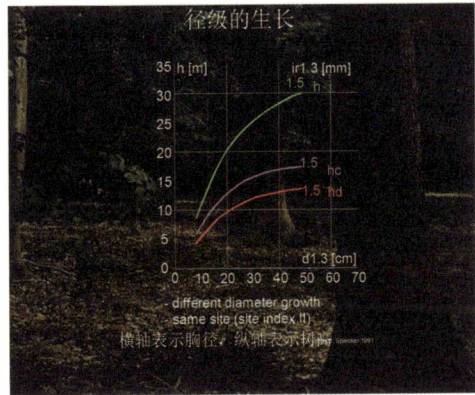

图4-72 树高与胸径的关系

图4-71、图4-72，纵轴是树高，横轴是胸径。绿线是指总的树高。树最终长多高，与径级关系不大，但对枝下高影响较大，径级越大，枝下高的最高高度越小。中间线的是目标树，想促进它生长，又不希望它最下面的枝丫死掉，就需要将周围的干扰树砍伐掉，释放生长空间。

因为修枝与径级生长之间有矛盾，分两个阶段来解决这个问题（Q-D策略）。

第一阶段，修枝（人工修枝或者自然整枝）；第二阶段，促进树冠（径级）生长。一般树种幼林早期阶段（20～30年前），主要是自然整枝阶段，然后进入促进径级生长阶段。到达第二个阶段时，枝下高是最终采伐时枝下高的一半。这时正是促进其径生长的阶段，也是选择"保留树"的最佳年龄。

从较多的保留树中最终选定目标树，是在疏伐阶段完成的。多次地疏伐，是为了给保留树的树冠拓展生长空间。因为正是冠幅带动了径级生长。目标树的冠幅生长，受制于目标树的间距。目标树的间距应该是目标胸径乘以一个倍数。一般是乘以20至25。

通过图4-73，也可以理解目标树之间的距离多大合适。如图4-73左图，两株树的距离太远了；中图比较合适，既不浪费土地，目标树也不会相互影响。经过计算，大约30%的土地是没有树木覆盖的；而右图太近了，底下的枝丫死亡，会直接影响木材质量，并且不会促进径级的生长。

图4-73 目标树间距

树的冠幅到底多少合适？在最终采伐的时候，冠幅高度应该达到最终树高的30%～50%。这是针对不同的立地条件。如果立地条件差的话，枝下高相对较短；如果立地条件好的话，枝下高相对较高。研究表明，冠幅高度和整个树高的关系是，立地越好，枝下高更高，树的价值更大。

（4）目标树选择和疏伐

在疏伐阶段要最终确定目标树。这其中有几个重要方面：

① 目标树的选择标准。第一，如果想生产高价值用材，质量是最重要的。如果树木满足不了基本的要求，就不选它做目标树。第二，要选有生长潜力的立木作目标树。第三，是目标树间距，理想的状态是这些树均匀分布，但这在实际中很难遇到。我们只能尽可能在坚持标准的前提下做到均匀分布，必要时以群团状分布为补充。

② 选择目标树的时间。应该是在能判断出目标树符合一些标准，将来能生长成高价值的立木，树高已经长到最后采伐高度之一半的时候。一般是在15～25年生期间，选定目标树。

③ 目标树间距。如前所述，就是倍数法则：慢生树种，计算法则为目标胸径乘以20，如果目标胸径是60cm，目标树间距就是12m，意味着每公顷目标树的株数是80株。

提高木材生长质量的第二个阶段，即径级生长阶段。图4-74表明了疏伐对径生长的影响。纵轴是胸径，横轴是树龄。所有的线代表每株树胸径随着年龄增长的趋势，红线表示没有经过疏伐的立木，绿线代表经过疏伐的立木，且疏伐的强度较大。可以看出经过疏伐的立木径生长比较快，而没有经过疏伐的立木径级生长慢，胸径比较小，而且到最后可能就死亡了。图4-75表示经营措施对径生长的影响，纵轴代表生长了多少毫米，横轴代表林龄。紫线是传统经营方式的，可看出在早期径级生长速度很快，到后面生长速度减慢了。

如果采取新的经营方式，在早期鼓励林分高密度，促进形成通直干形和自然整枝。第二个阶段促进径生长，随着冠幅的生长，径生长是平稳的，并且可以持续很长时间。非常关键的一点就是到后期，树龄比较大的时候，径级却一直生长，而立木的价值正是在这个过程中形成的。图4-74是疏伐对径生长的影响。红线代表经过疏伐的，看出在疏伐前径生长基本是一样的，但当疏伐后，径生长会增加很多，但不会立即增长，而是延后几年。

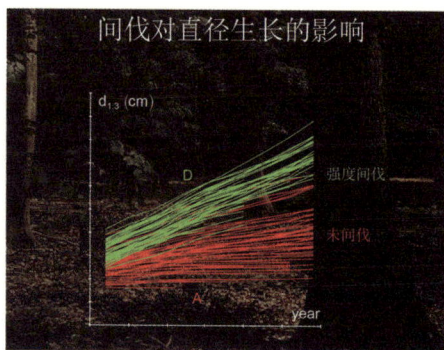

图4-74　疏伐对立木径生长的影响图

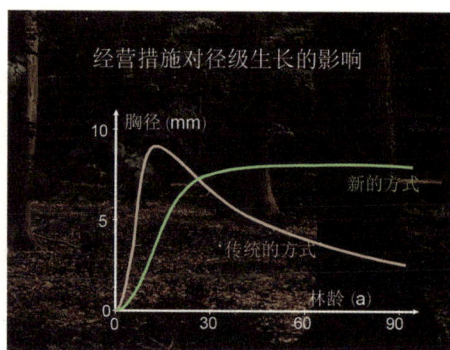

图4-75　经营措施对径生长的影响

图4-76表示冠幅投影。有的树冠幅大，有的很小。可以发现，冠幅越大的投影，径级生长越快。反映出的关系就是径生长和冠幅扩张的一个直接关系。图4-77的纵轴是冠幅宽度，横轴是胸径，它反映冠幅和树干径级生长是正相关的。我们在任何的地方都发现是一样的。

图4-78纵轴是每公顷的立木数量（所有的树），不同的线表示径级生长的速度。可以看出在同一个年龄上，比如在80年，径级生长越快的，公顷树木株数就越少，随着年龄的生长，株数越来越少（前提是同一种树种）。那么我们可以发现差异最大的是120年的时候。这时，如果径级生长是每年3mm，每公顷株数是50株。图4-79反映的是应该在什么阶段疏伐掉多少树。随着径级的生长，可疏伐的立木越来越少。在早期的时候，疏伐的立木相对多一些。数据是模拟计算出来的。横轴表示年龄，纵轴表示胸径。

如果选择的目标树数量比较少，冠幅比较大，那么可以在质量、径级、采伐成本和林分稳定性上得到补偿。但在生物多样性和美学价值上影响如何，还不很明确。唯一的就是每公顷的材积会有所减少。可以说，集中精力管理一小部分目标树是有好处的。最终采伐：到最后，树冠的高度是整棵树高的33%~55%，直径生长越快，树冠高度越低。总之，只有通过经营管理才能培育出高价值的木材，改进立木的质量，降低成本和增加收入。

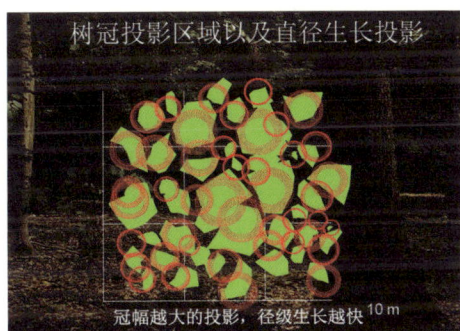

图4-76 冠幅投影与径生长的关系图

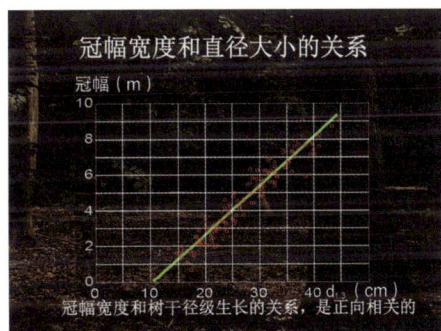

图4-77 冠幅和径生长正相关

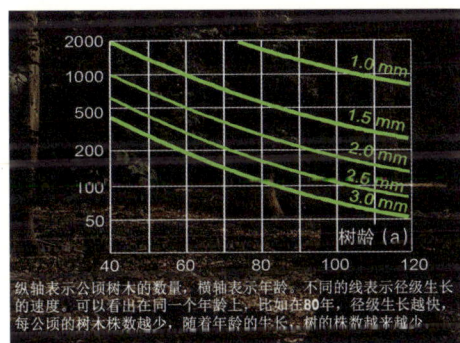

图4-78 公顷株数与径生长成反比关系

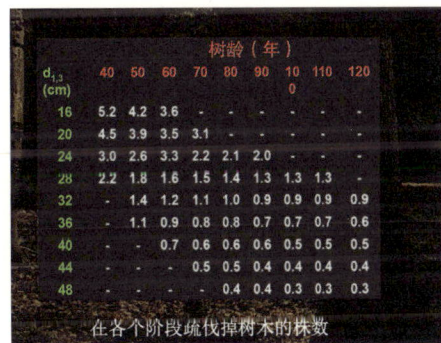

图4-79 树龄与胸径关系：何时应当伐去多少树

4.2 马尾松人工林经营基础理论

整体来讲，人工林实行"以目标树为框架的近自然全林经营"。以目标树为框架的人工林全林经营，是在充分满足目标树生长条件的同时也关注其他树木的培育，提高全林立木生长量、价值量和中间收益。以单一树种和结构的马尾松人工林为改造对象，具体技术和步骤包括：首先保留主林层具有基本稳定且有培养前途的优势林木，使上层优势木具有稳定的生长空间，使之在整个改造期间能够承担上层基本郁闭度的主体作用，直到后续更新林木进入主林层；对于中龄林选择抚育间伐方式，调整林分密度，使林分郁闭度维持在0.6～0.7，提高林分生长量。

4.2.1 抚育间伐

根据不同间伐强度对林分平均胸径、树高、材积林分蓄积量的影响，采用不同强度的间伐。

4.2.2 混交改造

形成以马尾松为主，另外一到两个阔叶树种为辅的乔木层加灌草结合的复层林体系，把马尾松同龄林分改造成异龄复层混交林分。在林下通过天然更新或人工补植部分符合目的的乡土树种幼苗实现林种结构的合理化。

4.2.3 促进林下更新

近自然经营的目标是通过补植树种和促进更新幼苗幼树生长尽快形成复层林结构，目前补植树种是在林下生长，并向形成复层林方向发展。本研究在固定样地上采用保留天然更新的马尾松幼苗和栎类苗木，通过轻微人为扰动，促使马尾松种子接触土壤，增加出苗率。通过林下更新，同时可以提高林分的生物多样性指标和林分的抗逆性。

人工的森林和纯天然的森林，都不是最好的森林。最好的森林应当是近自然的森林。因此，走向一个良好经营的近自然异龄混交林，是我国大部分森林资源的总体发展方向。但在近20～30年来，我国的育林理念在一定程度上被扭曲了，突出的表现是追求人工林的绝对人工化，追求天然林的绝对天然化。一个极端的例子是"林木市场成熟理论"的提出，主张把东北林区的天然商品林改造为杨树速生林。这说明中国的森林资源要走向繁荣并非易事，可能还是首先要解决人的观念问题。在这样一些观念影响下，我们的人工林越来越人工化，天然林越来越放任自流。我国古代就有"天人合一""道法自然"的智慧，欧洲林学中也有"模仿自然、加速发育"的口诀。几十年前，我国林业界自己也创造了"人天混"的理念。这才是沧桑正道。

在气候变化下，全世界都在倡导发展永久性森林。此类森林的培育，人工辅助、天然更新，投入低、产出高，林分不间断存在。它的特点正好适应了今天的低碳需求、碳汇需求，因为它的碳汇能力始终最高而碳排放机会最小。由于林分疏密有致，涵养水源和疏导雨洪功能同时最优。由于林分里的单株树木成熟了就采，所以全林的生理状态始终旺盛，其生态功能也永远最高。

树木从生到死，必然经历品质和价值不断增加到不断降低的过程。树木的成熟期，就是其品质和价值由增向贬的拐点，既是树木的经济功能的拐点，也是生态功能拐点。因为，树木从这个时候开始，各项生理机能开始退化。一个林龄一致的森林生态系统，到了这个拐点，就应全面更新；一个异龄混交的森林生态系统，一定时期内只有部分立木出现这个拐点，这时只是对这些立木择伐。

森林培育的最终目标是形成优质、高值、高效的永久性森林。这正是全世界森林培育的理想模式，同样适合于我国的森林培育。

林业，已不再是传统的那个林业，它已经被放在了一个绿色发展的大平台的核心位置上，小林业的思维已不再适应，大林业的思维等待树立。

第5章

重庆马尾松林近自然经营研究与实践

5.1 研究背景

2016年1月，习近平总书记在中央财经领导小组第12次会议上讲话指出，"要着力提高森林质量，坚持保护优先、自然修复为主，坚持数量和质量并重、质量优先"，并明确提出要实施森林质量精准提升工程，为我国森林资源培育和现代林业发展指明了方向。随后，国家林业局党组指出，"森林质量不高，是我国林业最突出的问题。提高森林质量，关键在于加强森林经营"，提出全面加强森林经营是现代林业建设的永恒主题、主攻方向和核心任务。2016年11月在江西崇义县召开的全国森林质量提升工作会议提出，我国将全面实施森林质量精准提升工程，着力提高森林质量与效益，充分发挥森林多种功能，构建健康稳定优质高效的森林生态系统。国内外的研究和实践证明，按照近自然林业理论指导森林经营，是提高森林质量、改善林分结构的可行途径，对于实现森林质量精准提升、促进我国林业的可持续发展具有重要意义。森林近自然经营的基本内涵是模仿自然、接近自然，其遵行的原则是"珍惜立地潜力、适地适树、针阔混交、复层异龄经营、单株抚育和择伐利用"等。

5.1.1 重庆市森林资源现状

重庆市位于长江上游，三峡库区重庆段覆盖了大部分三峡库区范围，其面积约占整个三峡库区面积的85.6%，生态区位十分重要。为了保障三峡库区生态安全，重庆市先后实施了天然林资源保护、退耕还林、石漠化综合治理、森林抚育等国家级重点林业工程以及长江两岸绿化、长江上游绿色屏障建设等市级林业工程，森林面积和森林覆盖率等均有较大幅度的增加。《重庆市2017年森林资源公报》数据显示，截至2015年年底，全市林地面积446.61万hm^2，较"十一五"末增加了38.73万hm^2；森林面积374.07万hm^2，较"十一五"期末增加了69.12万hm^2；森林覆盖率45.4%，较"十一五"期末增加了8.4个百分点；林木蓄积20533.9万m^3，较"十一五"期末增加了6561万m^3，全市实现了林地面积、森林面积、林木蓄积、森林覆盖率"四增长"，为保护林地和森林两条生态红线奠定了基础。总体来说，重庆市森林资源呈现总量持续增长、质量有所提高的趋势，但森林资源总量不足、质量不高的状况依然没有从根本上改变。全市森林资源呈现出林相单一、纯林多、混交林少，龄组结构不合理，幼中龄林比重大，近成过熟林少等特点。目前世界平均每公顷森林蓄积为131m^3，德国、新西兰等林业发达国家更是达到300m^{3}以上，每公顷森林年均生长量8m^{3}以上。相比较而言，我国平均每公顷森林蓄积89.79m^3，为世界平均水平的68.54%，不到德国的1/4；每公顷森林年均生长量只有林业发达国家的1/2 左右，每公顷森林每年提供的主要生态服务价值仅6.1 万元，只相当于日本等国的40%。而重庆平均每公顷乔木林蓄积为63.7m³，是全国平均水平的74.2%，仅相当于世界平均水平的48.6%；每公顷森林年提供主要生态服务价值为5.12万元，是全国平均水平的83.94%。且重庆乔木林林相单一，纯林占绝对优势，面积占乔木林面积的80.93%，混交林仅占19.07%，纯林中又以松、杉、柏为主的针叶林最多，面积占62.78%；幼中龄林比重大，面积占乔木林面积的80.76%，成过熟林占19.24%。全市森林中低质低效林面积大，林分结构简单，导致森林生态系统稳定性差，森林生态功能不强。因此，全市森林质量亟待提高。

5.1.2　重庆市马尾松林分资源

马尾松是重庆市主要用材树种，在全市各区县均有分布。马尾松喜光，耐干旱瘠薄，生长速度快，造林更新容易。由于缺乏系统的森林经营措施和技术，全市马尾松林分密度普遍过高，部分林分林木分化严重，林分结构简单，生物多样性锐减，林分质量普遍较差，低质低效林占相当大的比重，导致森林生态系统稳定性差，森林生态功能不强。重庆市森林二类调查数据显示，全市马尾松林分蓄积平均仅为45m³/hm²，约为全市乔木林70.9%，仅是全国平均单位面积森林蓄积量的52.4%。因此，重庆马尾松林分质量亟待提升。在深入研究总结国内外近自然育林的理论与技术的基础上，运用目前先进的次生林近自然转变技术和目标树经营理论，开展重庆低质低效马尾松天然次生林和人工林的近自然经营研究、探索与示范，从而为重庆市马尾松林的低碳、高效经营提供理论、技术和样板，达到改善林分结构、提高森林质量、优化森林景观、增强森林服务功能，最终实现森林质量精准提升、促进全市森林资源可持续发展与利用的目标。

5.1.3　研究意义

从现有的研究与实践来看，森林近自然经营实践在我国北方开展得较多，如在黑龙江哈尔滨和河北木兰围场等地，而在南方地区尤其是西南地区森林近自然经营的研究与示范工作较少开展。因此，开展重庆马尾松近自然森林经营研究与实践，对于改善林分结构、提高森林质量、促进全市乃至西南地区森林资源的可持续利用、实现林业可持续发展具有重要意义。

5.2　研究方法与过程

5.2.1　试验区概况

试验区位于重庆市綦江区。綦江区位于东经106°23′～107°03′、北纬28°27′～29°11′之间，重庆市南部，东邻南川区，南接贵州省习水、桐梓两县，西连江津区，北靠巴南区，幅员面积2747.8km²。属亚热带湿润气候区，具有副热带东亚季风特点，表现为冬暖、春早、夏热、秋阴，云多日照少，雨量充沛，温、光、水地域差异大。年平均气温18.8℃，平均降水量107mm，年均无霜期344d。

綦江区北部林场经营国有林地总面积为4227.35hm²，活立木蓄积为423528m³，森林覆盖率89.92%。场区内森林资源丰富，主要树木1375种，其中野生珍稀保护植物10余种，如红豆杉（*Taxus chinensis*）、南方红豆杉（*Taxus chinensis* var. *mairei*）、福建柏（*Fokienia hodginsii*）、金荞麦（*Fagopyrum dibotrys*）、润楠（*Machilus pingii*）、楠木（*Phoebe zhennan*）、香果树（*Emmenopterys henryi*）、樟（*Cinnamomum camphora*）、八角莲（*Dysosma versipellis*）等。优势树种主要为马尾松2300.58 hm²，占有林地面积的61.01%；杉木771.29hm²，占20.45%；硬阔树种308.37hm²，占8.18%；丝栗栲（*Castanopsis fargesii*）130.79hm²，占3.48%；柏木52.54hm²，占1.39%；竹子149.21hm²，占3.95%；其他木荷、香樟、桉树等58.27hm²，占 1.54%。从总体上看，林场以针叶纯林为主。

林区内的野生动物有147种，列入国家Ⅰ级重点野生动物4种：黑叶猴、云豹、豹、林麝；列入国家Ⅱ级重点野生动物13种：黑耳鸢、松雀鹰、雀鹰、苍鹰、红隼、红腹角雉、红腹锦鸡、斑头鸺鹠、猕猴、穿山甲、大灵猫、小灵猫、野猪；列入《国家保护的有益的或者有重要经济、科研价值的陆生野生动物名录》中的动物有中国林蛙、菜花原矛头蝮（菜花烙铁头）、池鹭、赤狐、貉、果子狸、豹猫、小麂等23种；列入重庆市重点保护野生动物3种：灰胸竹鸡、四声杜鹃、普通夜鹰。

5.2.2 试验设计

本试验设计改造对象主体为马尾松天然次林和人工林。试验林分分为改造和对照两种模式。改造模式为目标树经营和林下补植阔叶树种，对照模式即保留对照林分和样地，不间伐不补植，即不做任何处理。

（1）马尾松天然次生林

根据马尾松天然次生林不同阶段，在弱干扰条件下，分别确定不同经营方式，通过合理人工干预，对马尾松林分结构（包括树种结构、径级结构和林龄结构）进行调整。通过目标树选择确定、抚育树种以及林分密度调整，调整马尾松竞争关系和林分结构，构建复层异龄混交林。

对幼龄林，进行抚育经营和密度调整；对中龄林和近成熟林，选择目标树，主要措施是围绕目标树经营。

① 幼龄林。选择5~10年生密度较大的马尾松林，设置固定样地2块，样地规格为25.82m×25.82m。作为试验调查样地，根据林分年龄和密度，以空间换时间的方法进行不同的林分密度试验。其中一块采取轻度的林分清理措施，保持一定的林分密度，目的是通过密度竞争生促进形成通直主干；第二块10年固定样地上进行一定强度的疏伐，作为"三

阶段"培育技术中的第二段，进行相应的抚育措施。

② 中龄林和近成熟林。选择21～40年生的中龄林和近成熟林，设置面积为25.82m×25.82m的固定样地3块，进行目标树经营，伐除干扰树。其中2块固定样地抚育间伐后补植香樟和楠木。

（2）马尾松人工林

以单一树种和结构的马尾松人工林为改造对象，实验步骤是：

首先保留主林层具有基本稳定且有培养前途的优势林木，使上层优势木具有稳定的生长空间，使之在整个改造期间能够承担上层基本郁闭度的主体作用，直到后续更新林木进入主林层；对于中龄林选择抚育间伐方式，调整林分密度，使林分郁闭度维持在0.6～0.7，提高林分生长量。二是目标树选择。对于马尾松人工林，确定以目标树为框架的森林经营方式，对干扰树进行伐除，保证目标树的生长，同时确定二级目标树，以保证森林资源的持续利用。三是混交林改造。形成以马尾松为主，另外一到两种针阔树种为辅的乔木层加灌草结合的复层林体系，把马尾松同龄林分改造成异龄复层混交林分。四是促进林下更新。在林下通过天然更新或人工补植部分符合目的的乡土树种幼苗实现林种结构的合理化。通过林下更新，同时可以提高林分的生物多样性指标和林分的抗逆性。

选择15～30年生密度较大基本没有抚育过的马尾松人工林，设置5个固定样地，样地规格为25.82m×25.82m，按照目标树经营法选择目标树，目标树确定后，对其余树木进行疏伐，设置5种疏伐强度（疏伐株数为0、20%、30%、40%、50%），每种强度3次重复，疏伐时要注意确定保留二级目标树。在间伐强度较大的样地中随机人工补植部分符合目的的乡土树种幼苗，主要包括香樟、枫香和楠木。

5.2.3 样地调查

（1）样地基本信息调查

包括样地坐标、优势树种、立地类型、林分起源、林种、权属、样地位置（林场、林班、小班）、坡向、坡度、坡位、海拔、林龄、面积、林分密度等。

（2）植被调查

① 乔木层调查。记录固定样地内胸径大于5cm的林木，按照树种名、胸径、树高、冠幅、活枝下高、林木优势度、层次、干形质量、损伤情况等指标。所有树木被分成4种类型：a. 目标树（是长期保留、完成天然下种更新并达到目标直径后才采伐利用的林木）；b. 干扰树（是指直接影响目标树生长，需采伐利用的林木）；c. 特殊目标树（是指为增加混交树种、保持林分结构或生物多样性等目标服务的林木）；d. 一般林木（特殊情况下可在抚育过程中按需要采伐利用一定数量以满足当地模板需求）。

② 灌木和草本调查。在每个固定样地内，任意选择3个4m×4m和1m×1m的小样方，

调查灌木和草本的物种数，包括乔木的幼苗幼树及藤本植物，记录植物的种名、株数或丛数、高度、盖度等数据。

（3）土壤调查

在固定样地内选择有代表性的地方挖土壤剖面，记录土壤剖面的O层、A层和B层的基本情况，并采集土样，测定土样的物理和化学性质。每个固定样地调查1个剖面。

（4）林分更新调查

林分更新调查可在目标树经营措施实施2～3年后调查。在马尾松人工林的固定样地中任意选择一半的样地内进行，调查所有天然更新的树种和株数。并为更新幼树和幼苗进行挂牌标记，方便以后跟踪复查。

5.3 结果与分析

5.3.1 马尾松天然次生林经营技术

根据马尾松天然次生林不同阶段，在弱干扰条件下，分别确定不同经营技术方式，通过合理人工干预，对马尾松林分结构（包括树种结构、径级结构和林龄结构）进行调整。

（1）幼龄林阶段

此阶段应当形成较密的幼林，主要是为了通过自然竞争以及自然修枝形成通直干形，以及造成一个较宽的目标树选择基础。由于树木都比较小，还不能确定是否能作为目标树，这时选择较多的"候选目标树"，并把这些备选目标树保护好。把主要的管理活动和精力集中在目标树上，可以降低成本，生产出高价值的木材，增加收益。

（2）中龄林阶段

此阶段主要是促进径级的生长。如果单株生长，干形会很差，最好有与之混交的耐阴树种，作下层植被。主干被遮阴，可以避免次生枝丫出现。要追求"树冠露天，树干遮阴"的结构。目标树的形数应小于100，有生长潜力、生命力旺盛。想要促进径级的生长，就要有更大的空间，这样会减弱自然修枝。

（3）近熟林阶段

从较多的后备目标树中最终选定目标树，是在近熟林疏伐阶段完成的。采用多次少量疏伐的方式是为了给保留的树木的树冠拓展生长空间，因为正是冠幅带了径级生长。马尾松用材林的合理的单株冠幅，是在最终采伐时冠幅高度应该达到最终树高的30%～50%。

（4）疏伐阶段

此阶段主要是围绕目标树进行疏伐，为目标树生长释放空间，分轻重缓急逐步去除干扰树（图5-1）。对林内不影响目标树的其他林木按照间密留稀、留优去劣的原则进行疏伐，伐除残次木，对密度过大的林分分2～3次伐除，为优势木生长释放空间。此阶段对出现的天然更新幼苗要注意保护管理，并要继续对目标树进行修枝作业。

（5）适度混交

在抚育的同时，根据幼树分布情况，可以进行乡土树种实生苗移栽补植，形成适度混交。通过目标树选择确定、抚育和树种以及林分密度调整，调整马尾松竞争关系和林分结构，进而构建复层异龄混交林。对于已经基本形成的以马尾松种群为主要林冠层，可以通过补植方法构建马尾松/桢楠、马尾松/香樟、马尾松/木荷等针阔常绿混交类型，如果马尾松种群密度较大、盖度较高，可适当间伐部分劣质或长势衰弱的马尾松，增加透光度，有利于乔木亚层的常绿阔叶树种群生长，留下的马尾松可培育大径材。补植方法为疏伐后林隙处补植幼树（图5-2），补植比例为600～800株/hm²，主要针对林下天然更新不足的地段进行，与此同时，天然更新的幼树应注意保护。一方面节约投入和充分利用自然力，另一方面可提高森林物种的多样性。

图5-1 干扰树采伐后的马尾松天然次生林

图5-2 天然次生林下补植香樟和桢楠

5.3.2 马尾松人工林近自然经营技术

以目标树为框架的人工林全林经营，是在允分满足目标树生长条件的同时也关注其他树木的培育，提高全林立木生长量、价值量和中间收益。以单一树种和结构的马尾松人工林为改造对象，具体技术和步骤包括：首先保留主林层具有基本稳定且有培养前途的优势林木，使上层优势木具有稳定的生长空间，使之在整个改造期间能够承担上层基本郁闭度的主体作用，直到后续更新林木进入主林层；对于中龄林选择抚育间伐方式，调整林分密度，使林分郁闭度维持在0.6～0.7左右，提高林分生长量。

（1）抚育间伐

① 不同间伐强度对林分平均胸径生长的影响

间伐3年后林分生长状况（表5-1），林木平均胸径、树高和单株材积均为3次重复调查数据的加权平均值。不同间伐强度对马尾松林分生长的影响，首先反映在胸径上，抚育间伐能明显提高马尾松人工林平均胸径的生长量。

表5-1　间伐3年后的马尾松林分生长状况

序号	间伐强度	间伐前（2014年4月）			间伐3年（2017年4月）			单株生长量（m³）
		平均胸径（cm）	平均树高（m）	单株材积（m³）	平均胸径（cm）	平均树高（m）	单株材积（m³）	
1	弱度	9.5	7.0	0.0260	13.2	9.6	0.0664	0.0404
2	中度	9.4	7.2	0.0260	14.9	9.7	0.0810	0.0550
3	较强度	9.4	7.5	0.0270	15.4	10.0	0.0900	0.0630
4	对照	9.2	7.2	0.0250	12.1	8.9	0.0520	0.0270

间伐3年后，弱度间伐（15%）、中度间伐（30%）、较强度间伐（45%）、不间伐（对照组）的林分平均胸径分别比间伐前增加38.95%、58.51%、63.83%和31.52%（图5-3），由此可知，适当增加间伐强度可以促进林分胸径的生长。

方差分析结果表明，不同间伐强度对林分平均胸径的生长影响具有极显著的差异（$P<0.01$）。说明经过抚育间伐，降低了林分密度，改善了保留木的生长发育空间，从而

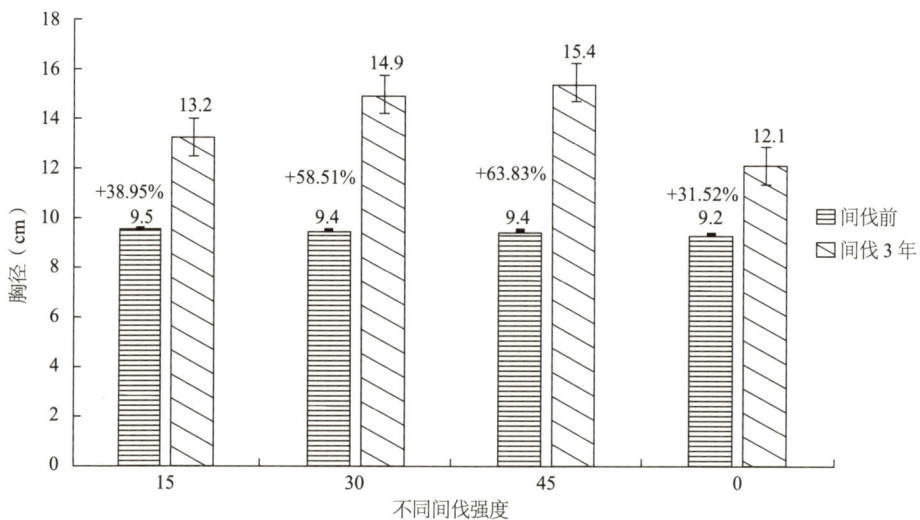

图5-3　不同间伐强度对林分平均胸径生长的影响

加速了林木胸径的生长。

②不同间伐强度对林分平均树高生长的影响

间伐3年后，弱度间伐、中度间伐、较强度间伐、不间伐（对照组）林分平均树高分别为9.6m、9.7m、10.0m、8.9m，经过抚育间伐后林分平均树高有一定程度的增加，但组间差异不大，表明不同间伐强度对马尾松林分平均树高生长无明显的影响。

③不同间伐强度对林木平均材积的影响

立木的材积取决于胸径、树高、形数3个因子，密度对3个因子均有一定的影响。不同间伐强度（即不同伐后密度），对马尾松单株材积和林分蓄积变化情况见表5-2。

表5-2 不同强度间伐后3年马尾松林木单株材积和林分蓄积变化情况

间伐强度	伐后密度（株/hm²）	单株材积		单株材积生长量		林分蓄积	
		（值/m³）	比对照组增加（%）	值（m³）	比对照组增加（%）	值（m³）	比对照组增加（%）
弱度	1410	0.0664	27.69	0.0404	49.63	93.7	9.20
中度	1155	0.0810	55.77	0.0550	103.70	93.5	8.97
较强度	900	0.0900	73.08	0.0630	133.33	82.0	−4.42
对照	1650	0.0520		0.0270		85.8	

由表5-2可知，间伐3年后，弱度间伐、中度间伐、较强度间伐的林分平均单株材积分别为0.0664m³、0.0810m³、0.0900m³，分别比对照组高27.69%、55.77%、73.08%。经方差分析结果表明，不同间伐强度对马尾松林分单株材积生长的影响差异极显著（$P<0.01$）。单株材积生长量大小依次为较强度间伐＞中度间伐＞弱度间伐。因此在一定范围内，适当加大间伐强度可以促进单株材积量的增加。

④不同间伐强度对林分蓄积量的影响

间伐3年后，弱度间伐、中度间伐的林分蓄积量分别为93.7m³/hm²、93.5m³/hm²，比对照组增加9.20%、8.97%；而较强度间伐的林分蓄积量最小，仅为82.0m³/hm²，比对照组减少4.42%。由此可见，一定强度范围内的间伐可增加林分蓄积量，超过一定的间伐强度会导致林分蓄积量的不增反减。林分的蓄积量主要取决于单株材积与株数密度，而这两个因子此消彼长，达到平衡时遵守产量恒定规律。抚育间伐对单位面积的蓄积量影响结果不确定，且胸径的增长对蓄积影响要小于株数增加对蓄积的影响。通过间伐不会提高林地最终生产力，但能提高木材质量，所以在实际生产中要尽可能在不减产的情况下提高木材质量。因此，抚育间伐强度应适当，使林木质量和单位面积蓄积量达到最优，以获取最大的经济效益（图5-4）。

通过数据可以看出，间伐强度15%和30%的林分总收获量比较接近，而间伐强度30%的平均单株材积最大，其木材质量相对较高。故项目区内马尾松人工林30%强度间伐的林

图5-4 抚育间伐前（左图）后（右图）对照

分整体质量和收获量最优，是较合理的间伐强度，而伐后密度1155株/ hm² 是较合理的保留密度。

（2）混交改造

形成以马尾松为主，另外一到两个阔叶树种为辅的乔木层加灌草结合的复层林体系，把马尾松同龄林分改造成异龄复层混交林分。在林下通过天然更新或人工补植部分符合目的的乡土树种幼苗实现林种结构的合理化。

① 对于乔木层是以马尾松为单一种群，林下以木荷、青冈等常绿阔叶树种的幼树占优势的马尾松/木荷、马尾松/青冈等复层林类型，拟积极采取封育改造方法：a. 如果马尾松种群过密，宜适当间伐，增加林内透光度；b. 如果木荷、青冈等常绿阔叶树种为丛生状矮林，则宜保留健壮的2个左右萌枝，将其余萌枝砍除；c. 适当清理部分在自然演替进程中将被自然淘汰的白栎、短柄枹、野漆树等落叶乔木树种的幼树和盐肤木、化香等落叶灌木或小乔木树种。

② 对于乔木层是以马尾松为单一种群，林下以枫香、盐肤木、野漆树等落叶阔叶树种的幼树占优势的马尾松/枫香、马尾松/盐肤木、马尾松/野漆树等复层林类型，如果林下尚存有木荷、青冈等常绿阔叶树种的幼树或萌生植株，则应积极保留和培育，并适当清理部分盐肤木、野漆树等下木及伴生的灌木；如果林下缺乏木荷、青冈等常绿阔叶树种的幼树或萌生植株，应在适当清理部分盐肤木、野漆树等下木及伴生的灌木基础上，以增加林地空间，并采取补植木荷、枫香等树种。

③ 对于乔木层是以马尾松为单一种群，林下以蕨类植物占优势而构成的马尾松与蕨类复层林类型，拟采取补植枫香、木荷、桢楠、香樟等常绿和落叶阔叶树种进行阔叶化改造。

（3）促进林下更新

近自然经营的目标是通过补植树种和促进更新幼苗幼树生长尽快形成复层林结构，目前补植树种是在林下生长，并向形成复层林方向发展。本研究在固定样地上采用保留天然更新的马尾松幼苗和栎类苗木，通过轻微人为扰动，促使马尾松种子接触土壤，增加出苗率。通过林下更新，同时可以提高林分的生物多样性指标和林分的抗逆性。

通过固定样地调查结果显示，2016年10月，马尾松人工林和天然次生林的天然更新能力较项目实施之初2014年10月均有较大幅度提高。通过伐除干扰树，形成林窗，增加光照，马尾松天然次生林天然更新能力由原平均95株/667m²提高到136株/667m²，更新能力提高了43.16%；马尾松人工林天然更新能力由原平均65株/667m²提高到86株/667m²，更新能力提高了32.31%。

5.3.3 目标树选择与目标树经营体系构建

（1）目标树选择

根据马尾松林培育目标，建立目标树选择标准，选择需要保留和培育的目标树，把目标树作为培育的核心，把影响目标树生长的干扰树伐除。按照目标树之间最优距离=目标树的目标胸径×25，把此距离范围内的同冠层林木伐除，下层林木不伐，确保目标树培育所需的最佳光照和土壤等生长条件。

① 目标树的选择标准。包括林木质量、生长情况（生命力、稳定性等）、平均间距、每公顷未来目标树的数量和目标树之间的距离等。

② 未来目标树选择的时间。选择未来目标树，应在树木的未来生长情况（生长和质量）可以预见以及需要采取措施控制这些树木的发展的时候。此时也是优势树木的高度达到最终采伐时树木高度的50%的时候。树高和胸径之间有一个比例关系，树高除以胸径的数值应该保持在小于等于80。如果大于80则表明过细，此种林分是不稳定、不健康的，要进行疏伐。针对重庆马尾松林的情况，按照目标树经营体系进行长周期的经营，在疏伐过程中砍伐的木材也能达到普通经营中最后皆伐的胸径，所以从长远来看有更大的价值。

③ 目标胸径的确定。研究表明，超过40cm以上的成熟龄材的材性较为稳定，木材价值较高。因此，确定最佳目标径级应大于40cm，但照顾到不同经营单位经营水平和经济能力，设置目标胸径为40~60cm，这样可适当缩短目标树收获年龄，但经济收益及森林的多种效益有所降低。结合示范地立地条件情况，把最佳目标胸径确定为50cm。

④ 相邻目标树之间距离确定。目标树之间的距离应该是目标胸径乘以一个倍数。根据相关研究成果，如果是生长较快的树木，乘以25，生长较慢乘以20。马尾松是喜光速生树种，如目标树胸径为40cm，则用胸径40乘以25，即目标树之间的距离是10m。在现实中，如果两株或三株靠得比较近，在附近又找不到合适的树，则可以群团状保留。

（2）目标树经营体系构建

以目标树为架构的全林经营，就是在充分满足目标树生长条件的同时也关注目标树以外的其他树木的生长发育，提高全林生长量、价值量和中间收益的育林方法。这种育林方法以目标树为骨架支撑起了森林的基本架构，是林分价值的集中体现，同时又兼顾了林分内的其他林木，充分地利用了林地资源、最大限度地发挥林地的生产潜力，既实现了长期的经营目标，又能确保近期可以实现较好的经济收益。

马尾松是喜光树种，前期生长速度快，与之混交的树种宜选择耐阴树种，作为其下层植被，主要原因是可以帮助防止次生枝的出现，促进林木生长以马尾松为目标树经营体系中的混交树种，可以选择桢楠、香樟、枫香、木荷等初期生长缓慢、喜阴湿的树种。近自然森林经营理念是系统的、多功能、可持续森林经营理念，近自然森林经营要求严格遵循森林生态系统的自然演替规律，充分利用森林生态系统内在的自然力，促使森林树木的生长发育和演变，获得最佳森林经营效果。在该理念的指导下，建立了重庆以马尾松林目标树为构架的全林经营技术体系，以目标树为核心，以择优选优为手段，尽量减少由于过大的人工干预活动影响森林生态系统的稳定。通过近自然经营关键技术的实施，改善林分结构、提高森林质量、优化森林景观、增强森林服务功能，最终将促进森林资源可持续经营与利用。

5.4 结 论

① 通过目标树的选择与确定，构筑以目标树为骨架的全林经营体系，围绕目标树进行全林经营，既可以收获一定的木材，产生一定的经济效益，而且林分的天然更新能力也有了进一步的提升。在伐开的林窗下补植香樟、楠木、枫香等乡土珍贵树种，实现了人工促进更新。

② 马尾松天然次生林和人工林近自然经营后，林分的树种组成、林分结构、生长动态、土壤理化性质等均有明显变化。林木空间分布格局从最开始的均匀分布逐渐过渡为聚集分布或随机分布，土壤化学性质与有机质含量较对照林分表现出明显的优势。

③ 马尾松近自然经营丰富了林分的树种组成。树种组成更为丰富，林分的混交度明显的提升，近自然林分已向针阔混交异龄林分逐步转变。改造后林分生物多样性也明显提高，相比而言，对照林分生物多样性也呈现增加的趋势，但是增加的幅度较为缓慢。

④ 就林分的水平分布而言，随着时间的推移，经营林分的径阶范围扩大得非常明显，不仅表现在增加了大径级林木，还表现在保留小径阶林木的增加。通过对近自然模式处理下的林木生长量的计算对比分析，证明对促进马尾松林分胸径生长具有很好的效果，这也是近自然经营效果的具体体现。

⑤ 马尾松天然次生林和人工林近自然经营技术的研究与示范，对于改善林分结构，提高森林质量，实现森林质量的精准提升，促进全市森林资源的可持续利用将起到重要作用。

第6章
马尾松天然次生林经营的相关探索

6.1 开展的实践探索

近10多年来，以目标树为构架的人工林全林经营和天然次生林转变的技术体系，已在我国具体应用，取得了很好的生态和经济效果。这套技术体系创新了我国林学知识体系，特别是填补和丰富了作为林学核心的天然次生林经营理论和技术，同时回答了人工林和天然次生林近自然经营的问题。以目标树为框架的人工林全林经营的本质，是在充分满足目标树生长条件的同时也关注其他树木的培育，提高全林立木生长量、价值量和中间收益。这极为符合我国的国情。天然次生林转化技术是将低质低效的次生林利用近自然育林措施转化为优质高效林分。

该理念是根据林木起源将天然次生林区分为矮林、中林和乔林3种林型，分别采取不同的经营措施。天然次生林转变的目标是将原来稀疏的、过密的、老龄的、低价值树种的、没有目的树种等情况的矮林、中林和低质乔林，逐步转变为优质的异龄混交林。

对于马尾松林的经营，近自然育林思想在人工林经营中的应用研究较多。马尾松人工林近自然经营研究多是针对马尾松纯林存在的树种单一、群落结构不稳定、生态功能低下、地力衰退严重、生产力低等问题，对退化的人工林进行恢复、转化。马尾松人工纯林近自然化经营后，林分的树种组成、林分结构、生长动态、土壤化学性质等均可有明显改善。树种组成更为丰富，有的还可形成上层、中层和下层复层结构，林木空间分布格局可从最开始的均匀分布逐渐过渡为聚集分布或随机分布。有研究归纳出以下模式。

（1）树种结构调整模式

浙江有如下树种调整模式，可供参考。

① 生态公益林。在国家级风景区范围建立松材线虫防范核心区域，合理调整改造树种结构，加大间伐力度，分年实施，每公顷间伐后留450株左右，留杂木，补植阔叶树，如青冈、枫香、三角枫、山杜英（*Elaeocarpus sylvestris*）、玉兰（*Magnolia denudata*）、桂花（*Osmanthus fragrans*）、香樟、木荷、马褂木（*Liriodendron chinense*）等，每公顷1000株左右，结合中层植物如青栲、檵木、乌饭、算盘子（*Glochidion puberum*）、映山红、中华胡枝子（*Lespedeza chinensis*）等树种，可形成景观较好的的景观林。

② 公路两侧树种结构。在公路两侧100m范围内，实施封育，同时补种上层树种，如

青冈、枫香、檫树（*Sassafras tzumu*）、山杜英、木荷等树种，立地条件差的实施封育。在马尾松纯林地块有计划地间伐调整马尾松树种，逐步形成上层有乔阔叶树种，中层有灌木，底层有蕨类、苔藓、芒萁的立体生态结构。

③ 偏远山区树种结构。偏远山区，以封山育林为主，实施合理间伐并逐步调整马尾松林树种结构，可通过5～8年，逐步减少马尾松林的面积，使留下的马尾松林形成以阔叶树种为主的针阔混交林格局。

（2）调整后的树种结构

马尾松是群众比较喜欢的树种，用途广，生长快，有较好的经济效益。马尾松林退化生态系统的经营，不能全部废除马尾松种群，马尾松种群本身是我国南方的乡土树种，也不可能消除，而应该充分利用马尾松的生物学特性，转变成具有良好结构功能和高效稳定的生态系统。

通过保留目的树种的幼树，适当补植阔叶树，培育成阔叶林或针阔混交林。但马尾松纯林的林种结构调整，更重要的是间伐，按照商品林建设技术规程，15～20年树龄间伐强度为20%～30%，根据松林树种调整改造需要，可以伐去林分总株数的26%～35%，实施中强度间伐，从而加快马尾松林调整改造进度。

马尾松与阔叶树混交林具有良好的效益。据实验，马尾松和枫香同龄混交林，12年生的蓄积量比对照的马尾松纯林提高13.9%～72.5%；土壤有机质增加52.3%，全N量增加24.1%，速效N、P和K含量分别增加13.7%、25.2%和26.8%，同时又改善了林内小气候条件（徐小牛等，1997）；但马尾松和枫香都是强喜光速生树种，并且枫香的生长高度超过马尾松，当林分郁闭时，生态位的过分重叠引起两树种的激烈竞争，会导致马尾松种群的生长受压。马尾松和黎蒴栲（*Castanopsis fissa*）混交林同样具有较好的效益，徐英宝等（1993）在1958年营造的马尾松林下于1978年穴播黎蒴栲形成的异龄混交林生产力调查表明，乔木层净生产量比对照的马尾松纯林高47.75%，并且混交林地中的N、P、K、Ca和Mg营养元素和灰分贮量提高20%～190%；然而，第一世代的混交林要在栲树10年生前砍伐，否则栲树冠层会影响马尾松种群的生长（陈红跃等，1993）。

因此混交林的最后成功还要考虑成熟林分群落结构的合理配置。从天然混交林中寻求合适的组合与混交方式，仍然是今后的一个探索课径（徐英宝等，1993a）。许绍远等（1993）根据浙江省淳安县龙川林场自1959年开始封山、1970年进行定向改造形成的混交林调查表明，占据林冠最上层的是高大的马尾松，平均高度15m以上，林冠的亚层是浓密的常绿阔叶树种，如青冈、木荷和苦槠等，形成全林分的主要林冠层，蓄积量169.388～198.805m³/hm²，比对照的常绿阔叶林高30.7%～53.4%。这种混交林的结构不仅产量高，而且物种丰富，抗干扰能力强，群落相对稳定，生态效益好，是马尾松林退化生态系统经营的较理想群落结构，也是从天然混交林中寻求比较合适的马尾松林阔叶化改造的目标林分。浙江有如下实验案例。

① 风景林。按照浙江省特用林建设质量等级标准，上层树种适宜种植白玉兰（*Magnolia heptapeta*）、紫玉兰（*Magnolia liliflora*）、山杜英、桂花、三角枫、香樟等树种，采用3m×3m规格，每公顷不少于1600株，马尾松用6m×6m规格保留每公顷450株以下。同时通过封育留养中层灌木丛，如：杜鹃、乌饭、檵木、胡枝子、紫薇（*Lagerstroemia indica*）、紫藤（*Wisteria sinensis*）等，森林植被盖度达到0.6～0.7。

② 林果混交林。按照商品林建设技术规程，海拔高度600m以下，坡度25°以内，适宜种植果树的，杨梅林300株/hm²，梨（*Pyrus*）、桃（*Amygdalus persica*）、李（*Prunus salicina*）、枇杷（*Eriobotrya japonica*）、杏（*Armeniaca vulgaris*）等水果450～675株/hm²。保留马尾松450株/hm²以下。森林植被盖度达到0.4～0.5。

③ 针阔混交林。适宜种植青冈、木荷、檫树、枫香、马褂木、香樟、杜仲（*Eucommia ulmoides*）等树种，按照商品林建设技术规程，每公顷种植、留养阔叶树种1200～3000株，留养马尾松每公顷450株以下。森林植被盖度达到0.4～0.5。

④ 生态林。按照生态公益林建设技术规程，实施封育，适宜留养或营造枫香、木荷、合欢（*Albizia julibrissin*）、苦槠等上层树种，每公顷800～2000株。对马尾松纯林实施间伐，每公顷留养450株。培育、留养映山红、乌饭、檵木、紫藤、胡枝子等中层灌木树种，每公顷1800丛以上，森林植被盖度达到0.6～0.7，同时实行多树种混交，建立生物多样性，促使提早郁闭成林。

（3）调整的技术措施

根据马尾松林的不同结构类型，应采取相应的转变方法。

① 对于已经基本形成的以马尾松种群为主要林冠层，乔木亚层为木荷、甜槠、苦槠、栲树等常绿阔叶树种的松阔混交林，如上述的马尾松—木荷、马尾松—甜槠、马尾松—苦槠、马尾松—青冈这四种针阔常绿混交类型，如果马尾松种群密度较大、盖度较高，适当间伐部分劣质或长势衰弱的马尾松，增加透光度，有利于乔木亚层的常绿阔叶树种群生长，留下的马尾松可培育大径材。

② 对于以落叶阔叶树种为主要乔木亚层构成的马尾松—枫香、马尾松—野漆树—蓝果树、马尾松—白栎—短柄枹、马尾松—黄连木—苦木等针阔常绿与落叶混交林类型，如果林下具有木荷、青冈、甜槠、苦槠、栲树等常绿阔叶树种的幼树，拟促成这些幼树生长而适当间伐部分野漆树等落叶阔叶树种；如果林下缺乏木荷、青冈、甜槠、苦槠、栲树等常绿阔叶树种的幼树，则宜补植这些幼树。

③ 对于乔木层是以马尾松为单一种群，林下以木荷、甜槠、青冈等常绿阔叶树种的幼树占优势的马尾松/木荷、马尾松/甜槠、马尾松/青冈等复层林类型，拟积极采取封育改造方法：如果马尾松种群过密，宜适当间伐，增加林内透光度；如果木荷、青冈、苦槠等常绿阔叶树种为丛生状矮林，则宜保留健壮的萌枝,适当清理部分在自然演替进程中将被自然淘汰的白栎、短柄枹、野漆树等落叶乔木树种的幼树和山莓、盐肤木、化香等落叶灌木或

小乔木树种。

④ 对于乔木层是以马尾松为单一种群，林下以白栎、短柄枹、枫香、盐肤木、野漆树等落叶阔叶树种的幼树占优势等复层林类型，如果林下尚存有木荷、青冈、苦槠、甜槠等常绿阔叶树种的幼树或萌生植株，则应积极保留和培育，并适当清理部分盐肤木、野漆树、白栎、短柄枹等下木及伴生的山莓、覆盆子、檵木等灌木；如果林下缺乏木荷、青冈、苦槠、甜槠等常绿阔叶树种的幼树或萌生植株，拟在适当清理部分盐肤木、野漆树、白栎、短柄枹等下木及伴生的山莓、覆盆子、檵木等灌木基础上，以增加林地空间，并采取补植木荷、枫香、苦槠、甜槠等树种。

⑤ 对于乔木层是以马尾松为单一种群，林下以连蕊茶、隔药柃、山矾等常绿灌木树种占优势的常绿阔叶树种的幼树或萌生植株，则应积极保留和培育这些幼树，清除部分伴生在灌木层中山莓、短柄枹、野漆树等种群，增加林地目的树种的生长空间；如果林下缺乏木荷、青冈、苦槠、甜槠等常绿阔叶树种的幼树或萌生植株，则拟采取补植措施。

⑥ 对于乔木层是以马尾松为单一种群、林下以檵木、映山红、山莓等落叶灌木占优势的马尾松林，如果林下尚有木荷、青冈、苦槠、甜槠等常绿阔叶树种的幼树或萌生植株，则应积极保留和培育，适当清除灌木层中的檵木、映山红、山莓、短柄枹、野漆树等种群，增加林地目的树种的生长空间，否则应积极采取补植措施进行阔叶化改造。

⑦ 对于乔木层是以马尾松为单一种群，林下以芒萁等蕨类植物占优势而构成的马尾松与芒萁复层林类型，拟采取补植枫香、蓝果树、木荷、小果冬青（*Ilex micrococca*）、香樟、山杜英等常绿和落叶阔叶树种进行阔叶化改造。

⑧ 对于乔木层是以马尾松为单一种群，林下以白茅等禾本科植物占优势而构成的马尾松与白茅复层林类型，拟采取营造美丽胡枝子灌木与木荷、枫香等树种共建方法，前期充分利用胡枝子改良土壤和庇荫条件，促进木荷、枫香等目标树种的生长。

6.2 实践案例

6.2.1 浙江省仙居县马尾松经营

浙江省仙居县辖区内马尾松林占有林地面积53.7%以上，林种结构比例失调，通过对林分结构调整，建立合理的林种结构，培育营造以阔叶树种为主的混交林、减少马尾松在林分中所占比例，增强生态环境保护效益，同时也达到防范松材线虫病目的。

（1）分布状况

调查发现，现有松林可划分为以下三种类型：

第一种类型：马尾松纯林，每公顷株数在4500株左右，林下没有喜光植物，只有蕨类；

第二种类型：马尾松为主，阔叶树种每公顷450株以下，中层有檵木、映山红、乌饭、胡枝子等灌木；

第三种类型：阔叶树种为主，马尾松每公顷在450株以下。

（2）林分结构

从各树种的生长层次看林分结构，上层树种为马尾松、枫香、木荷、青冈、冬青、香樟、苦槠、檫木、山杜英等。中层树种为青栲、檵木、野山楂、乌饭、算盘子、映山红、中华胡枝子、盐肤木、油茶（*Camellia oleifera*）等。低层主要为蕨，芒萁、金樱子、山牡荆（*Vitex quinata*）等。

马尾松林的树种调整是一项技术性较强的工作，而抚育间伐在松林结构调整中是主要技术措施，中强度抚育间伐对林下植被的物种多样性有较大的影响。间伐强度越大对植物的种类、植被结构发生变化影响越大。因此，通过对松林实施间伐，减少松树在林分中所占有的比例，培育、补植阔叶树种，使林内达到复层植被结构及增加生物多样性。调整后的林种结构更加合理，同时具有抗御松材线虫的能力。

树种结构调整，形成混交的森林群落，在林内就会产生大量寄生蜂、微生物及鸟类，可破坏松褐天牛的传播途径，改变原有马尾松纯林易受松材线虫的环境，对松材线虫起到一定的抑制作用。在具体实施中，要根据实际，统一部署分期实施。在生态公益林建设规划区内，以封育为主适当补植阔叶树种，把松树株数降到每公顷450株以下，通过林分结构调整与改造把原有的马尾松林纯林比例降到50%。

6.2.2 重庆市江津区云雾坪林场马尾松经营

重庆市马尾松资源面临的情况与其他地区基本一致。2017年，我们在江津区云雾坪林场考察发现，他们也已开展了马尾松林分的近自然化转变。

其主要措施：一是在马尾松林下补植楠木，二是疏伐马尾松，促进林下天然更新。这两个举措都已显示出了积极效果。参见图6-1。

图6-2表明了重庆市江津区云雾坪林场磨峡口马尾松纯林片区天然更新实验。马尾松纯林天然更新实验的主要做法是，疏伐后，等待林下自然出现乡土树种的幼苗。考察时，已经可以找得到阔叶树小苗。

图6-1　江津区云雾坪林场林下补植楠木

图6-2　江津区云雾坪林场磨峡口马尾松纯林片区天然更新实验

第7章
马尾松的新出路

7.1 马尾松纯林向多树种混交林转变

马尾松广泛分布，比较速生，它可以健康生存到120年左右。一般情况下，它平均生长量最大值出现在10～30年。马尾松10年生以前，属幼林时期，直径生长缓慢，10～30年生是胸径生长的旺盛期，30年生以后胸径生长逐渐减弱。马尾松在传统经营模式下，最大的问题是因纯林而带来的生态退化、病虫危害等问题。

基于本书在前面比较系统地介绍了当代森林资源近自然经营的理论和模式。根据这个理论和模式及马尾松的特点，我国的马尾松资源，必须实行近自然化经营，别无他路。

马尾松，不是要取消它，而是要让它和当地的各类树种一起生存。在这种情况下，马尾松就是森林植被的自然生态系统里的一个树种。它本身不会形成萌生矮林，它只是其他萌生林分里的实生树种，与其他树种构成萌实混生林（中林）。在这样的环境下，松毛虫和松材线虫会得到有力抑制，最坏的结果也不过是马尾松死了而森林还在。这个情况我们早在20年前的台湾就见到过。那时，台湾的松类被吃死了，但是他们并未治理，理由是松类只不过是近自然的天然林里众多树种中的一个树种。

没有人希望马尾松被病虫危害致死，而是希望马尾松在近自然化的林分里能够变得具有抵抗病虫害的能力。也希望，这些病虫害在近自然的森林里得到天敌和环境的抑制。因此，我们主张适当地、逐步地疏伐马尾松天然纯林和人工林，让出空间让当地的其他乔灌木树种进入。即便是各种萌生的树木也好，马尾松与它们组成中林，一起培育。

人们仍可以在马尾松以及其他乡土乔木树种里选育目标树，只要这些树种的寿命能够达到80～100年，那么这样的生态系统就是稳定和健康的。在这样的林分里，人们可以培育更好的中大径材，也会获得更多、更好的木材利用灵活性。

以马尾松为建群树种的近自然林分，抵抗力也会更强，因为生物多样性很丰富。马尾松乔木林层下面会有极为丰富的亚林层、灌层以及草本层。这些植物的新城代谢会导致林地土壤逐步肥沃，水土保持功能增强。

按照第4章近自然经营理论，虽然不会存在马尾松矮林，但会存在以马尾松为乔木树种的中林和乔林。

我们欣喜地看到，我国已经具有了这个思路并开始了有效的探索。如科研人员已经鲜明地提出，马尾松林宜转变成多树种结构的针阔混交林，认为优化的林分结构是保证森林生态系统发挥整体功能和效益的基础，马尾松与阔叶树混交林具有良好的混交效益。许绍远等（1993）在浙江省淳安县龙川林场的发现非常令人欣喜，它完全证实了马尾松近自然经营的强大生命力。

7.2 马尾松人工纯林的近自然转变

盛伟彤先生说过，我国人工林中针叶纯林的面积很大，主要有杉木、马尾松、落叶松、油松、湿地松、柏木、华山松（*Pinus armandii*）与云南松纯林，又以杉木、马尾松和落叶松比重最大。

马尾松人工纯林存在的问题很多，最紧迫的问题是松材线虫危害。必须大部分转变成混交林，主要是松阔混交，也可以松杉混交等。转变的方法主要是近自然转变，就是利用自然力，配以必要的人工促进。人工林中一般都会有自然进入的阔叶树种。如果无人管理，时间久了就会形成混交林。这种情况在南方也很普遍。东北林区称之为"人天混"。东北的落叶松人工林林下往往有水曲柳、黄波罗、核桃楸、紫椴（*Tilia amurensis*）等幼苗。南方杉木人工林下，有栲类、青冈类、樟、檫及木荷等幼苗，实生、萌生均有。这类混交林，通过抚育等措施，可取得事半功倍的效果。

按照盛伟彤先生的说法，这叫乡土树种对人工林的自然进入。这种自然力，其实是我们转变马尾松人工纯林的极好借力。在欧洲林学中，这叫近自然转变，就是借助自然力和必要的人工促进，可以把人工纯林转变成针阔混交林。

重庆市目前已经在推广马尾松针阔混交转变模式，再如浙江省仙居县等，全国已经有不少此类案例。如中国林业科学研究院广西大青山实验中心在22龄的马尾松林下种植耐阴的红锥（*Castanopsis hystrix*），15年后进行调查，形成了二层林分，上层为马尾松，下层为红锥，红锥生长良好，平均高为15.6m，平均胸径为11.6cm，每公顷蓄积量11.08m³（马尾松平均高为25.5m，平均胸径为40.3cm）。在马尾松林下种植的耐阴的其他珍贵树种，如栲类树、木荷、青冈类也可以取得成功。但是也有当地树种较难进入的情况，或者是因为种源较远，或者是因为生态环境太差。在这种情况下，我们主张人工补种、补植。尤其是补种、补植木材价值较高的栎类树种，如青冈。补种更简单一些，栎类可每亩补种50~100穴。连同其他自然出现的幼苗，可以形成混交结构。

目前的问题是，生产一线素有割灌的理念，总以为林下生长着灌木层，会影响主林层的生长。在这种错误作业下，青冈等我们求之难得的混交树种，一起被割除了。而栎类则形成为萌生状态。

图7-1为广西忻州欧洞林场的古蓬松人工纯林内补植的大叶栎（*Quercus griffithii*）。古蓬松是马尾松的一个地方变种，此处的古蓬松为1965年造林。大叶栎是近些年刚栽植的，表现极好。

图7-1　广西忻州的古蓬松人工纯林内补植大叶栎（树干颜色青色的是大叶栎）

图7-2是重庆市的一个马尾松人工纯林转变为多树种异龄混交林的成功案例。这个案例现在成为重庆市推广马尾松纯林近自然转变的样板。它对于马尾松纯林如何转变为混交林，转变后的现状，以及下一步的经营措施，都给出了一个参考。

重庆市南山区南山林场放牛坪管护站茅坪的马尾松人工纯林。20世纪50年代，茅坪区域的大树被砍伐，60～70年代，当地人工更新了马尾松，并逐渐形成为马尾松纯林。80年代初，马尾松遭受严重虫害，加上风雪灾害，林分走向破败。2000年后，当地政府组织改造马尾松林相，在林下栽植枫香、木荷、深山含笑（*Michelia maudiae*）、香樟、女贞（*Ligustrum lucidum*）、红叶石楠（*Photinia serrulata*），逐渐形成了以阔叶树为主的多树种混交林，上层为马尾松过熟林，中层为枫香、木荷、深山含笑，林下主要是蕨类、禾草。今后主要是对树木进行抚育，选择目标树，培育长周期异龄混交林。

图7-2　重庆市南山林场的一个马尾松人工纯林转变为多树种异龄混交林的成功案例

7.3 马尾松天然纯林的近自然培育

在各地的马尾松天然林,有的是天然混交林,为此我们可以如前面讲到的那样,按照起源分类为矮林、中林和乔林,开展包括马尾松在内的异龄混交林经营。

但是,也有很多马尾松天然纯林。如果这些天然纯林生长较好,建议顺水推舟,以培育木材为基本经营目标。

据盛炜彤先生的意见,我国天然林中大部分是次生林,这些次生林中多含有数量较多的乡土用材树种,特别是那些处在进展演替阶段的次生林,拥有不同径级的林木,又因为是天然形成的,树种适应能力强,如按现在目标树培育方法进行培育,可以提高森林质量。

贵州梵净山的天然林,如栲树林就含有丝栗栲、西南米槠(*Castanopsis carlesii* var. *spinulosa*)、甜槠、青冈栎、檫树、细叶青冈(*Cyclobalanopsis gracilis*)、钩栲、水青冈(*Fagus longipetilata*)、银木荷(*Schima argentea*)、南方红豆杉等。又如在木荷林中,除木荷为建群种外,尚有甜槠、细叶青冈、青冈栎、黑壳楠(*Lindera megaphylla*)传统用材树种。闽北常绿阔叶林,根据141个样地调查,有传统乡土用材树种,如木荷、甜槠、丝栗栲、南岭栲、苦槠、青冈栎、钩栲、闽楠(*Phoebe bournei*)等。江西大茅山常绿阔叶林,在林中含有黄樟(*Cinnamomum porrectum*)、檫树、闽楠、栲树、甜槠、米槠、南岭栲、青冈栎、南酸枣(*Choerospondias axillanris*)、木莲(*Manglietia furdiana*)、福建青冈(*Cyclobalanopsis chungii*)、水青冈等珍贵树种。

生长在南方的次生林,即使马尾松次生林也有不少传统乡土树种混生。图7-3是重庆市綦江区的马尾松天然次生林,重庆市林科院的经营方法是保护阔叶树种,抚育各类乔木树种。

图7-3 重庆市綦江区马尾松天然次生林

图7-4是重庆市南川区的马尾松天然纯林。这里的天然纯林没有严重的病虫害。当地林业部门仍然按照用材林目标经营,采伐时采取块状节皆伐,更新时采用杉木纯林。

图7-4　重庆市南川区的马尾松天然纯林

7.4 马尾松用材林要有一定的保留

我国的一些地区，特别是广西、贵州、云南等地，以马尾松为代表的多个针叶树种，自然生长极佳，没有严重的病虫危害。这类马尾松资源没有必要都转变成近自然林。应当规划出一些用材林，或结合国家储备林建设一起发展。在这种情况下，我国擅长的人工林营造技术，可以继续发挥作用了。

据长期在黔东南州从事林业工作的邹高元教授的意见，我国北回归线至北纬30°线，是我国的最佳森林发展地区之一，这里木材生长优于北欧和我国的大小兴安岭。这个纬度带的中心区域是湘、桂、黔邻境，它包括环雷公山、环三省坡（越城岭）、环雪峰山、环武陵山区域，是裸子植物和樟科、壳斗科、木兰科、山茶科的繁华之地，是生产最优质木材的地方。所以这个区域的林业目标就是持续性地培养大径级木材为主，这个指导思想必须确立。

事实上，迄今这里的森林资源表现也印证了这个意见。这个区域最优势的树种是杉木、马尾松，以及其他杉科、松科、柏科树种，如台湾杉（*Taiwania cryptomerioides*）、柳杉（*Cryptomeria fortunei*）、水杉（*Metasequoia glyptostroboides*）、池杉（*Taxodium ascendens*）、落羽杉（*Taxodium distichum*）等，北美红杉（*Sequoia sempervirens*）也有潜力；松科的油杉（*Keteleeria fortunei*）、冷杉、铁杉（*Tsuga chinensis*）、银杉（*Cathaya argyrophylla*）、黄杉（*Pseudotsuga sinensis*）、金钱松（*Pseudolarix amabılıs*）、海南五针松（*Pinus fenzeliana*）等都是这里的本土树种，天然生长状况优于国外松。被子植物的樟楠、壳斗、木兰等现存活体均不乏大树，特别是栲类在湘、桂、黔是"中亚热带常绿阔叶林的典型代表"。参见图7-5、图7-6。

图7-5 我国西南地区的马尾松资源

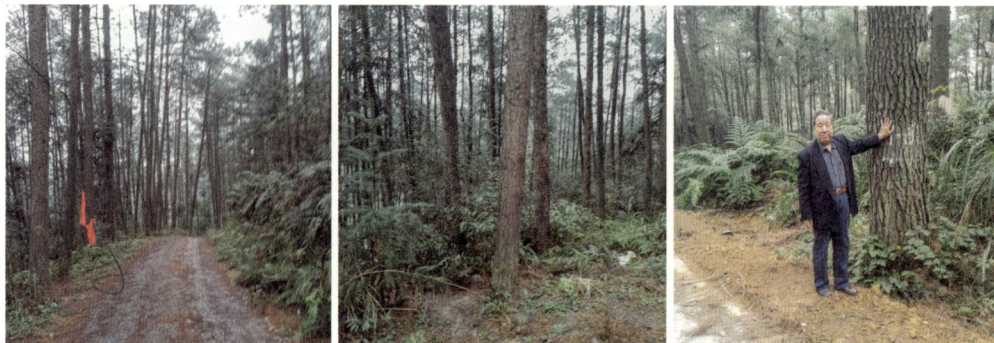

图7-6 重庆市武隆区的马尾松人工林

7.5 马尾松育苗和造林

无论如何，马尾松人工造林的情况将会继续存在。对于马尾松造林，我国的研究已经比较成熟，只是根据盛伟彤2018年发表的《关于我国珍贵树种发展问题》一文中的意见，适当加以调整即可。盛先生的这些意见很重要，这里也作为插文，引用于后（插文7-2）。

对于造林技术，这里仅强调马尾育苗，要坚决拒绝剪除主根的错误做法。因为我们发现现有的文献都是主张马尾松育苗要剪除主根。

如有文章说，马尾松系直根性树种，培育大田裸根苗，主根粗长，侧须根细少，造林成活率低，缓苗期长，幼林前期生长慢。采用育苗容器，虽能提高马尾松造林成活率，但育苗成本较高。在马尾松大田育苗生长期中，用铁制切根铲适时适量切去苗木部分原主根，促进苗木根系生长，增加侧须根数量，可显著提高马尾松大田裸根苗质量与造林成活率。切根深度以8cm左右为好，即切掉苗木原主根长度的1/2左右。具体掌握时，切根方法有斜切、平切两种。我们反对剪除主干的具体理由参见插文7-1《我为主根鸣不平》，这里就不再重复了。

总体上来说，还是应当充分利用马尾松天然更新能力极强的特性，发展这种资源。

插文7-1

我为主根鸣不平

根，是一个大问题。十几年前，我曾经打算研究树木的根。我认为，研究根，可以构成一门"根学"，它内涵丰富，对树木繁殖和造林有指导意义。但是，迄今也未能实现。

这里，我挑一个关于根的最为紧急的话题，先说一说。其他的，也许没有机会说了。那就是，我要为主根鸣不平。真的是这样。许久以来，我就知道，在中国，林木育苗中主根被视为一个可有可无的累赘，一直被主张阉割掉。传统的育苗造林教育当中，老师一直告诉学生，割掉主根可以促进侧根发育，方便栽植，促进成活。

可是，真的是这样吗？老师，或者这样写教科书的人，他真的研究过关于根的问题吗？他真的是在研究的基础上，才提出切主根的主张的吗？

我们知道，根分为主根、侧根和毛细根，侧根和毛细根的载体是主根。

图7-7。如果没有了主根，何来侧根和毛细根？如果主根被剪去了2/3，是否能够生出侧根的部位也就剩了1/3？那么，只剩自然长度的1/3的主根，能够承载起亿万年树木进化形成的主根功能吗？

在这种情况下，那么这棵树，必定在1/3的残留主根区间，发展水平侧根以补偿缺失的根系。这可能就是教科书所看重的，它把这种根系补偿视为有很多好处，一直提倡。

可能这个水平侧根系扩展会很大，但是它却必定很浅，对此，教科书就回避了。比如，原本它可以深入1.5m，现在只能深入0.5m，也就是说，这棵没有了主根的树，它长大后会形成一个0.5m厚的根盘。

那么，不难理解，它只能抵抗得住可以在0.5m深度上不被刮倒的风，只能吸收到地面以下0.5m深度以内的水分和营养，只能在0.5m土层以内与同层根系的其他植物竞争水分和营养。与1.5m深的根系相比，它的生长能力被无端地剪去了2/3。它会变成如图7-8这样。

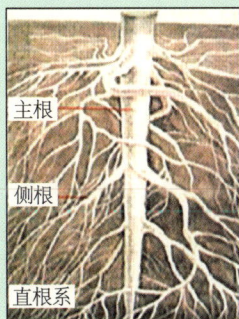

图7-7 正常树苗的根系，由主根、侧根和毛细根构成

图7-8 一株树苗剪除了主根，会在地里发育出这样的水平根系

图7-9　几十年来我国造林都是在使用剪除主根的苗木

图7-10　无主根苗木营造的幼林极易倒伏

图7-11　无主根的树木，即使长大了也极易倒伏

事实上，几十年来，我国用于造林的都是这样的苗木。各种种苗标准，都强调根茎比等条款，但都没有指出剪除主根的错误（图7-9）。几十年来，我们一直在无视树木为什么要进化出一条主根。我们的教科书对林木个体的发育规律等写得很多，但是却在这些论述的基础上引伸出了剪除主根的结论。不知道逻辑哪里去了！

这个后果，可以表现为遇风倒伏，遇旱枯萎，遇病瘁死，或被其他植物压制而死（图7-10、图7-11）。

年年都有城市树木被风倒的报道。有的是刮断了主干，有的是连根拔起。几乎没有人考察为什么有的树宁断不倒，有的树却一吹就倒。

今年也一定还会出现大批城市树木倒伏的现象，您自己留意看看吧。你一定可以看得到，那些一吹就倒的树，一定都是没有主根的，因为它的主根被阉割了。

20世纪80年代本人留学法国时，曾经在野外上过一堂课。老师把学生们带到一片人工林内，指着其中那些被压木，问这些树木为什么被压。我是没有想到原因，但很多同学一语道破天机，说是苗子没有主根。老师总结时，还拔出一株予以证实。

2007年，本人去湖南赣州考察时，赣州市委书记跟在后头，我问他跟我们上山干什么？他说他有一个问题要找答案。上到一片山坡后，原来是一片不到一年的桉树林，都倒伏了。他说昨天刚刮了一场不大的风，为什么树都倒了。我如法炮制，轻轻一提，一棵倒伏的树就出来了，没有主根，侧根都断在了土里。那位书记没说什么，就回去了。相信他一看就懂了。

还有，请看图7-12，这是本人在福建德化拍摄的，近1年生的桉树幼树，轻轻一提就出来了，全部根系都断在了土里。见图7-13。

图7-12　桉树幼林，无主根并窝根（2007，福建德化）

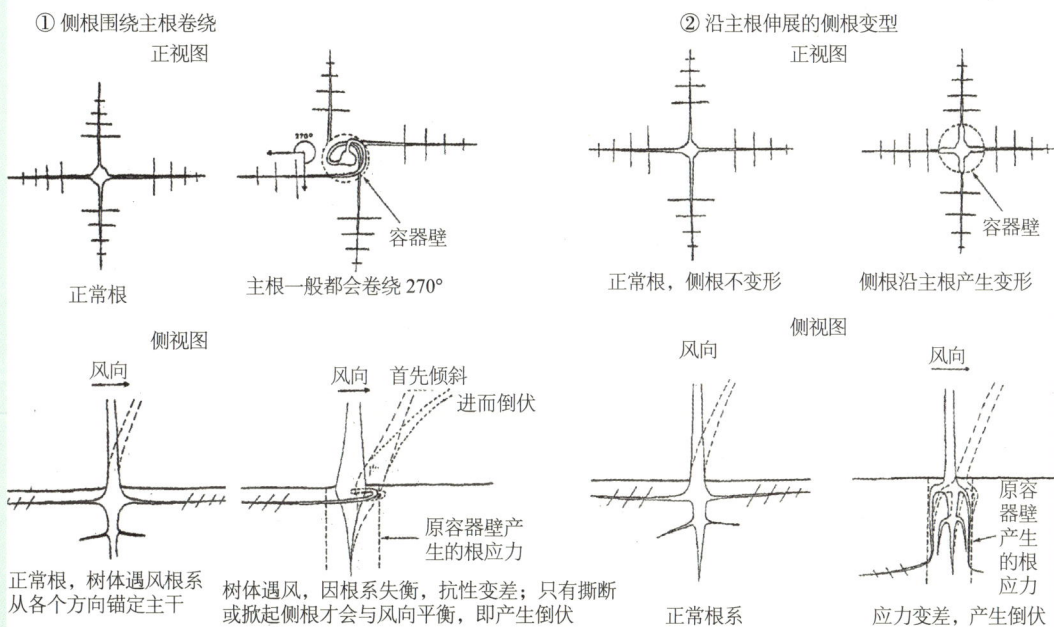

① 侧根围绕主根卷绕

正视图

正常根

主根一般都会卷绕270°

容器壁

② 沿主根伸展的侧根变型

正视图

正常根，侧根不变形

侧根沿主根产生变形

容器壁

侧视图

风向

正常根，树体遇风根系从各个方向锚定主干

风向

首先倾斜

进而倒伏

原容器壁产生的根应力

树体遇风，因根系失衡，抗性变差；只有撕断或掀起侧根才会与风向平衡，即产生倒伏

侧视图

风向

正常根系

风向

应力变差，产生倒伏

原容器壁产生的根应力

图7-13　欧洲关于苗木主根重要功能的研究示意图

剪除了主根的树，还有一个表现，就是生长慢。请看下面的示意图（图7-14）。

图7-15左图为一株栎类苗，它的根系进化成为这样的形态，有它的道理。欧洲尊重树木的这种个体发育规律，极为重视保护苗木主根。德国栽植有主根的苗木时采用这种细长鸭舌锄（中图）。右图为山西省改变了剪除主根的育苗理念后，开发出来的保护主根的无纺布育苗容器。

树木以主根为轴心发育出来的根系，对树木起固定和支撑作用，吸收土壤中营

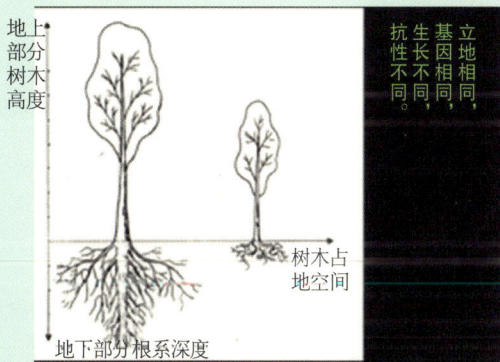

地上部分树木高度

树木占地空间

地下部分根系深度

抗性不同。

生长不相同。

基因相同。

立地相同。

图7-14　没有了主根的树木吸收营养的范围被局限，生长缓慢，抗性很差

图7-15 含有主根苗的苗木

养的作用，发挥着对水分和营养的传输作用，本身还是一个合成、转化和储藏营养的器官，并且还具备繁殖功能。把主根剪除了，是否也就基本上取缔了这些重要功能？那么，你栽这种树，还有什么意义呢？你还希望培育出优质林分，那不是有点儿傻吗？

可是，我国的林学，一直是教导人们育苗时要切掉主根，而且还要不止一次地剪。请看，我们的教科书上是这样写的：

截根、切根、断根，是把生长在苗圃地上的幼苗或苗木的根割断。通过截根能够有效地控制主根的生长，促进侧根和须根生长，扩大根系的吸收面积。苗木切根是培育壮苗的重要措施之一。

本人20世纪80年代初进修林学概论时，就是这样讲的。目前最新的教科书还是这么写着。那就是说，起码是有40届的毕业生，也就是60来岁以前的林学毕业生，都被植入了这样的理念，此前的情况不知道。

作为一个学生，我没有去想过教科书上的这个结论是错的。一直到20世纪80年代末本人在欧洲学习林学，才知道他们育苗都是在追求主根，哪里是要剪除主根！在学习组培时，老师也是说，树木组培无论如何都不会产生主根，这是组培的代价，是没有办法的事。这更使得我认为，在中国林学里，做一条主根也是冤，总是想为主根鸣不平。

在中国，育苗中剪除主根的影响，太强大了！我前年曾经与一位省林业领导人深谈了3个小时，他最终是理解并更正了原有理念，并且立即部署开发保护主根的新育苗技术。但也有人不敢接受。曾经在一个林管局，欧洲专家再三强调不能剪切主根时，人家却强调"那是院士和国家专家的意见"。一直到前几天，我们在微信里又谈及不能剪除主根，还有人强调"根据我们的实践，剪除主根栽植时方便，不至于根太长，还有不窝根，不影响生长。另外一个原因是把起苗时损伤的部分剪掉、修齐，可减少腐烂和病虫发生"。这段话的核心意思是剪主根对人方便，至于对树是否方便，那就管不了了。这大概是中国林学的一个错误立足点（顺便提及，对有毛病的侧根要剪除，对断裂的主根也要剪除）。所以我们造出来的林子，简直就像一群残兵败将戳在地里。

我们在这里鲜明地主张，剪除主根的理念是极其错误的。

最后我们归纳一下，主根之对于树，就在于它是树的一个抗风稳定器、根系扩散器、深水汲取器、营养制造器、春季萌发发动器。

（侯元兆）

插文7-2

关于我国珍贵树种发展问题

1 发展珍贵树种的重要性

近20多年来，由于我国社会经济的快速发展，人们生活水平不断提高，对木材需求的质和量也在日益提高，不仅要求用好的木料来装修自己的房屋，而且追求用珍贵木料制作家具和工艺品，且成为使用和收藏的珍品。

我国珍贵树种资源是十分丰富的，据《中国树木志》载，乔木树种中优良用材和特用经济树种达到1000余种，还有引种成功的国外优良树种约100种。但从其森林资源看，则非常贫乏，原因是历史上对珍贵树种所组成的森林过分利用而不加以更新培育。中华人民共和国成立后，为了解决用材不足问题，又只重视速生丰产林的培育，重用速生树种，忽视了培育周期长的珍贵树种造林。虽然有一些珍贵树种也有一定的栽培技术，但由于生长慢、周期长等原因，实际栽培面积很少，也因上述原因，造成当前我国木材市场供给结构性矛盾突出，一些能制作高档家具与工艺品的珍贵木材，主要靠进口。但我以为我国珍贵用材靠进口解决，这只是权宜之计，从长远的观点看，是不可取的。这是因为：第一，我国有着丰富的树种资源（包括引种资源）；第二，我国自然地理环境优越，很适于许多珍贵树种生长，有很大的生产发展潜力；第三，国际上也由于各种因素（包括森林的保护和出口国自身的利益）也在限制对珍贵树种的采伐和其木材的出口，木材价格因而不断的上涨。而且随着人们生活水平的提高，对珍贵用材的需求也在日益增长，需求量大，故依赖进口不是长久之策。近10年来，国家也在采取有力措施，有规划地发展珍贵树种造林，虽然珍贵树种生长缓慢，培育周期长，但只要措施得力，我国珍贵用材市场供不应求的局面，在不远的将来可以得到扭转。

2 我国珍贵树种造林发展现状

我国有些珍贵树种，有很长的栽培历史，如柏木已从秦汉时期开始，在现在的四川广元市的驿道营建行道树，并历代多次续栽、保护与飞籽成树而形成较大规模的"翠云廊"，在那里古柏夹道，美丽而壮观，是今天四川的旅游胜地。又如楸树，在汉代已被普遍栽培，并从中获得收益，在当时拥有千株楸树的人家，其收入可抵千户侯。此外，如樟树、银杏、黄连木、青檀等珍贵树种，栽培历史也很悠久。根据编写在《中国主要树种造林技术》一书中珍贵树种按我的统计有35种（其中包括了上述6个树种），说明这些树种均有一定的栽培历史和栽培技术。这些树种按书中排列的先后分别是柏木（*Cupressus funebris*）、福建柏（*Forienia hodginsii*）、竹柏（*Podocarpus nagi*）、银杏（*Ginkgo biloba*）、麻栎（*Quercus actissima*）、青钩栲（*Castanopsis kawakamii*）、红椎（*Castanopsis hystrix*）、樟树（*Cinnamomum comphora*）、楠木（*Phoebe bournei*）、檫树（*Sassafras tzumu*）、火力楠（*Michelia macclurei*）、鹅掌楸（*Liliodendron chinense*）、大叶榉（*Zelkova schneideriana*）、楸树（*Catalpa bungei*）、滇楸（*C. duclouxii*）、川楝（*Melia toosendan*）、麻楝（*Chukrasis tabularis*）、香椿（*Toona sinensis*）、红椿（*T. sureni*）、大叶桃花心木（*Swietenia macrophylla*）、非洲桃花心木（*Khaya senegalensis*）、红豆树（*Ormosia bosiei*）、降香黄檀（*Dalbergia odorifera*）、格木（*Erythophloeum fordii*）、铁刀木（*Cassis siama*）、核桃楸（*Juglans mandshurica*）、蚬木（*Burretiodendron hsienmu*）、紫椴（*Tilia amurensis*）、黄波罗（*Phellodendron amurense*）、黄连木（*Pistacia chinensis*）、水曲柳（*Fraxinus mandshurica*）、红花天料木（*Homalium hainanense*）、青皮（*Vatica hainanensis*）、坡垒（*Hopea hainanensis*）、鸡尖（海南榄仁）（*Terminalia hainanensis*）、柚木（*Tectona grandis*）。在这些树种中非洲桃花心木、大叶桃花心木、柚木、铁刀木等引自国外。上述35个树种在20世纪80年代前虽有了一定的栽培技术，但由于各种原因，种植规模多不大。到目前为止，我国珍贵树种栽培有较大规模的有香樟、银杏、红锥、火力楠、西南桦、木荷、福建柏、红豆杉、楸树、降香黄檀等。

21世纪以来，国家为了扭转珍贵树种森林资源贫乏和其用材市场供不应求的局面，十分重视珍贵树种的培育，2005年启动了实施珍稀树种基地建设示范项目，先后在全国20多个省（自治区、直辖市）的90多个县级建设单位：广东、广西、福建、浙江、江西、四川等地做出发展较大规模营造珍贵树种用材林基地的规划。如福建省，是发展珍贵树种很有潜力的省，在2005—2020年的《海峡西岸现代林业发展规划》中，提出了珍贵树种培育工程，重点建设银杏、柳杉、福建柏、秃杉、红豆杉、长苞铁杉、长叶榧等乡土针叶树种和樟树、楠木、檫树、香椿、红锥、格氏栲、观光木等珍贵乡土阔叶树种基地，发展具有亚热带特色的珍贵树种大径材。并采取高度集约经营的措施，最大限度地发挥林地生产力，提高基地建设的经济效益；此外，还要在农村的非规划林地上建设珍贵树种示范基地。

为了适应建设珍贵树种培育基地的需要，国家林业局于2006年还颁布了《中国主要栽培珍贵树种参考名录》，共208个种，其中有红木类7种，常绿硬木类103种，落叶硬木类75种，针叶类23种。

在上述形势下，有关院校与科技单位也积极地开展了珍贵树种科研开发与试验工作，并建立了种苗繁育基地，培育优良的种植材料，以作为发展珍贵树种基地强有力的科技支撑，促进珍贵树种森林资源快速发展。

3 发展珍贵树种中存在的问题

一是突出的问题是培育周期长。因培育周期长，见效慢，通常林业投资者愿意投资速生树种，因此我国速生丰产林发展迅速，而珍贵树种发展不受重视，发展速度很慢。加以过去所用珍贵树种木材多取之于天然资源，但又不加培育更新，因而导致珍贵树种森林资源十分匮乏。

二是珍贵树种栽培技术贮备严重不足。由于上述第一个问题的存在，因而对珍贵树种培育技术研发也长期被忽视了，珍贵树种的种植材料、遗传改良、栽培经营等方面，均缺乏技术贮备，而这些技术研发也需要较长的时间。当前林业主管部门虽然已开始重视珍贵树种的培育，但明显的技术跟不上育林的需要。

三是发展的珍贵树种缺乏标准。当前各级林业行政部门提出的珍贵树种，缺乏科技方面的依据；而且不仅全国提出有可供应用的参考名录，各省也提出有各省的名录，没有统一的标准。显然对于什么是珍贵树种，从提出的名录看，各地认识上是不一致的，这就会影响到培育珍贵树种目标的确定，从而难于集中优势力量解决存在的问题。

4 如何加速发展珍贵树种

4.1 明确发展目标

4.1.1 从当前和长久看，我国木材供给存在结构性矛盾，市场上用于室内装修和家具等高档用材严重不足，因此发展珍贵树种主要目标是解决高档用材的供给，避免长期依靠国外进口，由此发展珍贵树种应以选用珍贵用材树种为重点。

4.1.2 珍贵用材树种的培育，要突出四个目标：一是缩短培育周期；二是培育健康、稳定、优质（林分与木材质量）、高效（生态与经济）的森林；三是要有高的生产力（生长量与生物产量）；四是要有良好的景观效果。

4.2 选择有效的发展途径

依据我国各地森林资源的现实情况和发展珍贵树种已有经验，下面四个发展途径或者叫做发展模式，是行之有效的。

4.2.1 加强次生林经营

我国天然林中大部分是次生林，它是原生林经过自然或人为等因素破坏而自然恢复起来的森林，在这些次生林中多含有数量较多的珍贵树种，有的还是建群种，而且资源量较大；许多次生林，特别是那些处在进展演替阶段的次生林，又多是复层异龄林林分，拥有大小不同径级的林木，又因为是天然形成的，树种适应能力强，如按现在森林经营中提倡的目标树培育方法进行培育，既可以提高森林质量，也可以缩短培育用材的周期，在利用时采用单株择伐，对林分生态功能也不会产生不利影响。

下面举几个例子来说明经营次生林时对培育珍贵树种的价值：

① 贵州梵净山的天然林，如栲树林就有许多珍贵树种，像丝栗栲、西南米槠（*C. carlesii* var. *spinulosa*）、甜槠、青冈栎（*Cyclobalanopsis gluca*）、檫树（*Sasafras tzumu*）、细叶青冈（*C. gracilis*）、钩栲（*C. tibetana*）、水青冈（*Fagus longipetilata*）、银木荷（*Schima orgentea*）、南方红豆杉（*Tarus mairei*）。又如在木荷林中，除木荷为建群种外，尚有甜槠、细叶青冈、青冈栎、黑壳楠（*Lindera megaphylla*）等珍贵树种。

② 闽北常绿阔叶林，根据调查的141个样地（每个样地100m²），共记录着36个珍贵树种（栲树为建群种），如木荷、甜槠、丝栗栲、南岭栲、苦槠（*C. sclerophylla*）、青冈栎、钩栲、闽楠（*Phoebe bournei*）等。

③ 江西大茅山常绿阔叶林，在林中含有黄樟（*C. porrectum*）、檫树、闽楠、栲树、甜槠、米槠、南岭栲、青冈栎、南酸枣（*Choerospondias axillanris*）、木莲（*Manglietia furdiana*）、福建青冈（*C. chungii*）、水青冈等珍贵树种。

生长在南方的次生林，即使马尾松次生林和杉木人工林中也有不少珍贵树种混生。在暖温带的落叶阔叶林（如栎类林）中，同样含有许多珍贵树种，落叶栎中的栓皮栎、麻栎、辽东栎（*Q. liaotungensis*）、槲栎（*Q. aliena*）等既是珍贵树种，也是落叶阔叶林的建群种，此外尚有青檀（*Pteroceltis tatarinavii*）、刺楸（*Kolopanax septemlobus*）、楸树、黄连木等。在温带东北林区的次生林中混生有蒙古栎（*Q. mogorica*）、水曲柳、黄波罗、核桃楸等。

上述这些例子，充分说明了经营次生林对于发展和培育珍贵树种有很重要的价值，特别是有不少次生林珍贵树种本身还是建群种（或优势树种），如栲类林、栎类林、青冈类林，作为珍贵树种培育更有价值了。

当然，不是所有的次生林经营都能达到培育珍贵树种的目的，只有当立地条件好，又是处在进展演替高级阶段的次生林，才可选作为培育对象。所以在经营次生林时要进行森林类型的划分和进行经营价值评估，在此基础上选择有经营珍贵用材价值的次生林，并要采取集约的经营措施，才能获得高的经营效果。

4.2.2 充分利用经营有珍贵树种天然更新的人工林

人工林中天然更新珍贵阔叶树种，在林区是常见的，有的已形成了混交林，东北林区称之谓"人天混"，实际这种情况在南方也很普遍。在东北的落叶松人工林下有水曲柳、黄波罗、核桃楸、紫椴等更新，在南方杉木人工林下，有栲类、青冈类、樟、檫及木荷等更新，有实生的，也有萌生的。这一类在人工林中由天然更新而形成的混交林，通过抚育等措施，加以利用经营，对于培育珍贵树种可取得事半功倍的效果。这一类混交林，即使更新的不是珍贵树种，而是一般的阔叶树种，形成混交林后也很有价值。

4.2.3 充分利用"四旁"栽植

"四旁"是指村旁、宅旁、水旁、路旁，也可以包括各种院落（如学校、机关等），这些均属于非规划土地，是星散分布的，特别是农村"四旁"的闲散土地潜力很大，而且立地环境也好，可以选择到适合珍贵树种生长的较好立地条件种植。不仅如此，有些珍贵树种，不适于成片纯林栽植，而孤植、群植，或者在溪边、道边、山麓种植，根系、冠幅扩展广，竞争压力小，林木生长快，生长量大。我们经常在城镇、农村，可以看到"四旁"种植的樟树、楠木、榉树、楸树、檫木与银杏等生长良好，而且常常寿命长，不少的古树是在"四旁"长成的。但"四旁"种植不易组织与管理，因此林业主管部门要更新观念，转变发展思路。如广西崇左大力实施以红木树种为重点的珍贵树种种植"十百千万"工程，通过"企业+基地+农户"模式，在全市建设珍贵树种示范基地，开展示范校园，并通过千万株珍贵树种送农家活动，树立示范村庄，带动千家万户种植珍贵树种。我举此例子，并不是希望各地各部门照样做，而是希望有关部门单位打开发展珍贵树种的思路，实事求是，因地制宜，结合当地政府提出的生态文明村等建设，有计划有目标地对"四旁"进行规划设计。

首先"四旁"发展珍贵树种要选准树种，并培育出优良的种植材料，包括适宜于"四旁"种植的大苗，甚至幼树（直径在8cm左右）。要办培训班，严密植树的规范操作，要在提高种植质量管理和效果上下功夫。

4.2.4 集约经营人工林

对已经掌握了栽培技术的珍贵树种，应按其生物学特性要求营建人工混交林或纯林，或按立地条件针对不同树种进行块状配置（也可称作为块状混交）。对人工林经营应采取集约化措施，以加速生长并提高质量。集约经营的人工林，必须实行定向培育和遗传控制、立地控制、密度控制、植被控制与地力控制的五控制育林体系。最关键要选择优良的种植材料（良种壮苗）和优质的立地条件，使种植材料与立地相匹配，这是培育稳定、优质高效人工林的基础。在人工林营建设计时，要提出明确的培育目标、技术指标（不同生长阶段的生长量、密度、目标树数量、采伐利用的目标直径、修枝强度等）和造林模式。

4.2.5 针叶纯林的近自然改造

我国人工林中针叶纯林的面积很大，主要有杉木、马尾松、落叶松、油松、湿地松、柏木、华山松与云南松的纯林，按第七次全国森林资源调查的公布数字，人工乔木林主要优势树种面积统计，针叶林面积比重占了74.72%，针叶林中又以杉木、马尾松和落叶松比重大，杉木占了21.35%，马尾松、落叶松分别为8.40%和7.14%。针叶纯林在生态上不稳定，对自然灾害抵抗能力弱，并易引起病虫灾害和地力退化。因此国内外均提出将部分针叶纯林向针阔混交林转变，以提高针叶纯林质量和生态功能，达到可持续经营的目的。

我国珍贵树种资源很丰富，生物学特性也各有不同，而且不同的森林植被区域（不同的气候带有着不同的森林植被类型）都分布有相应的珍贵树种，因此用以改变针叶纯林的珍贵阔叶树，是比较容易选择的。这里要做一些说明，不是所有针叶纯林均要转变为针阔混交林，改造主要是针对成过熟林，生长上衰退的人工林（如多代萌生的杉木林等）。关于改造的方法，根据以往的试验与实践，大体有如下几种方式可供参考：

（1）结合成过熟林的采伐，更新珍贵树种。如福建在杉木的采伐迹地上栽植一定数量的闽楠，对杉木伐蔸形成的萌芽条选择健壮的保留1~2条，进行培育，长成后组成了以闽楠为优势的混交林，其他天然更新起来的阔叶林（如栲树、木荷等）为伴生树种，闽楠生长良好。如福建大田桃园国有林场，林龄28年时调查，林分组成为6楠4杉，闽楠高、胸径分别为18.8m和19.4cm，杉木高、胸径分别为11.3m和13.6cm。混交林的闽楠比闽楠纯林生长为好，闽楠纯林树高为13.8m，胸径为14.3cm。

（2）异龄混交。这种形式南方应用较多，如中国林业科学研究院广西大青山实验中心在22龄的马尾松林下种植耐阴的红锥，15年后进行调查，形成了二层林分，上层为马尾松，下层为红锥，红锥生长良好，平均高为15.6m，平均胸径为11.6cm，每公顷蓄积11.08m³（马尾松平均高为25.5m，平均胸径为40.3cm）。在马尾松林下种植的耐阴的其他珍贵树种，如栲类树、木荷、青冈类也可以取得成功。

（3）改造生长上退化的针叶林。在南方在多代萌生的杉木林下，种植栲树（如鳘蒴栲等）。种植时，保留生长较好的萌生杉木，选择空隙地，不规则地进行栽植。栲树有一定的耐阴能力，在杉木的侧方庇荫下，幼树生长良好，到郁闭成林后再进行密度的调整，可形成永久性混交林。

4.3 加强科学研究和研发上的扶持力度

我国许多珍贵树种，尚处在野生状态，其生物学特性，有性、无性繁殖方法，苗木培育技术，树木的遗传改良，人工林、天然林经营技术等多还没有进行研究。有些树种虽然历史上有过造林，但尚无集约培育的技术储备，有些技术尚属空白，因此，有必要组织有关科研院所、大专院校，集中有生力量进行科研攻关。

目前，珍贵树种的发展尚处在起步阶段，许多珍贵树种的培育技术缺乏研究与开发。尤其尚处在野生状态的珍贵树种，他们的采种、繁育比较困难，育苗周期长，造林后由于生长缓慢，保护和抚育花费高，整个育苗造林支出比一般常规造林树种多，有的需要修枝，支出更多，因此需要有关部门在培育资金上加以扶持。另在研究与开发项目的设置与投入上也需要有扶持政策，以促进珍贵树种在培育技术上快速进步、集约经营水平获得提高、造林在全国得以迅速展开。

（盛炜彤 文章刊载于内部期刊《中国老教授协会林业专业委员会》）

参考文献

洪伟，吴承祯. 1999. 马尾松人工林经营模式及应用［M］. 北京：中国林业出版社.

蔡磊，徐海，孙吉慧，等. 2009. 贵州省马尾松林近自然化经营改造技术初步研究［C］//长江流域生态建设与区域科学发展研讨会优秀论文集.

罗应华，孙冬婧，林建勇，等. 2013. 马尾松人工林近自然化改造对植物自然更新及物种多样性的影响［J］. 生态学报，33（19）：6154-6162.

洪利兴，王泳，杜国坚，等. 2000. 我国南方马尾松林生态系统的退化特征和改造对策研究［J］. 浙江林业科技，2（2）：1-9.

孟翎冬. 湖北省马尾松人工林近自然经营初探［J］. 2012. 湖北林业科技，（1）：43-46.

孟祥江，何邦亮，马正锐等. 2018. 我国马尾松林经营现状及近自然育林探索［J］. 世界林业研究，31（3）：63-67.

张鼎华，林卿. 2001. "近自然林业"经营法在马尾松人工幼林经营中的应用［C］//2001年生态农业与可持续发展国际研讨会文集.

张小波，郭兰萍，赵曼茜，等. 2016. 马尾松生产适宜性区划研究［J］. 中国中药杂志，41（17）：3115-3121.

马正锐，孟祥江，王蕾，等. 2017. 重庆地区马尾松人工林不同间伐强度试验［J］. 福建林业科技，44（4）：33-36.

周彩贤，智信，朱建刚，等. 2016. 近自然森林经营——北京的探索与实践［M］. 北京：中国林业出版社.

王小平，陆元昌，秦永胜，等. 2008. 北京近自然森林经营技术指南［M］. 北京：中国林业出版社.

曹新孙. 2012. 曹新孙文集［M］. 沈阳：辽宁科学技术出版社.

中国林业科学研究院林业研究所，甘肃天水地区小陇山林业实验总场，甘肃林业科学研究所. 1982. 甘肃省小陇山次生林综合培育技术的研究［R］.

图书在版编目(CIP)数据

马尾松近自然经营探索与实践 / 孟祥江主编. —北京：
中国林业出版社，2019.5
ISBN 978-7-5219-0058-3

Ⅰ.①马…　Ⅱ.①孟…　Ⅲ.①马尾松—森林经营—研究—
中国　Ⅳ.①S791.248.06

中国版本图书馆CIP数据核字（2019）第081281号

中国林业出版社·林业分社
责任编辑：李　敏

――――――――――――――――――――――――――――――

出版　中国林业出版社（100009　北京市西城区德胜门内大街刘海胡同 7 号）
　　　　http://www.forestry.gov.cn/lycb.html　电话：（010）83143575
发行　中国林业出版社
印刷　固安县京平诚乾印刷有限公司
版次　2019 年 5 月第 1 版
印次　2019 年 5 月第 1 次
开本　787mm×1092mm　1/16
印张　6.5
字数　138 千字
定价　98.00 元